国家电网企业技能人员职业能力培训指导书

U0710724

高压线路带电检修实训指导书

AOYA XIANLU DAIDIAN JIANXIU
SHIXUN ZHIDAO SHU

■ 主　编　赵　会　刘忠信

东北大学出版社
·沈　阳·

ⓒ 赵　会　刘忠信　2017

图书在版编目（CIP）数据

高压线路带电检修实训指导书 / 赵会，刘忠信主编
. — 沈阳：东北大学出版社，2017.12
ISBN 978-7-5517-1754-0

Ⅰ．①高…　Ⅱ．①赵…②刘…　Ⅲ．①高电压－输配
电线路－带电作业－检修　Ⅳ．①TM84

中国版本图书馆 CIP 数据核字（2017）第 324299 号

出 版 者：东北大学出版社
　　　　　地址：沈阳市和平区文化路三号巷 11 号
　　　　　邮编：110819
　　　　　电话：024-83680176（编辑部）　83687331（营销部）
　　　　　传真：024-83687332（总编室）　83680180（营销部）
　　　　　网址：http://www.neupress.com
　　　　　E-mail：neuph@neupress.com
印 刷 者：沈阳航空发动机研究所印刷厂
发 行 者：东北大学出版社
幅面尺寸：185mm×260mm
印　　张：8.25
字　　数：186 千字
出版时间：2017 年 12 月第 1 版
印刷时间：2017 年 12 月第 1 次印刷
组稿编辑：石玉玲
责任编辑：朱　虹
责任校对：叶　子
封面设计：潘正一
责任出版：唐敏志

ISBN 978-7-5517-1754-0　　　　　　　　　　定　价：30.00 元

《高压线路带电检修实训指导书》
编委会

主　　编：赵　会　刘忠信

参编人员：王秉财　赵宏光　王春义　顾英林　王洪成

　　　　　张　森　马　晖　李　勇　刘志华　武大伟

　　　　　胡　平　李世光　徐浩然　赵泓博

前　言

为充分发挥国网辽宁省电力有限公司技能培训中心输配电线路实训基地培训设施、设备资源的作用，全面提升从事高压线路带电检修作业人员的专业技术技能水平，增强技能培训的针对性和实效性，在培训中心领导的大力支持下，结合生产现场实际情况，我们组织国网公司输电专业生产技能专家、省公司带电作业培训专家以及培训中心专、兼职培训师共同编写了《高压线路带电检修实训指导书》。

本书从线路带电作业人员实际需求出发，本着贴近现场工作实际的原则，理论内容力求简洁实用，主要突出技能操作指导。本书系统地介绍了高压线路带电作业部分常规操作项目的基础知识、相关工器具使用方法以及标准化作业流程。可作为从事线路带电作业相关现场人员的操作参考书和技能培能教材，也叫用于全面系统了解线路带电作业常规操作内容的资料。

本书在编写和整理过程中，得到国网抚顺供电公司、国网本溪供电公司、国网锦州供电公司、国网辽阳供电公司、国网铁岭供电公司、国网朝阳供电公司以及国网蒙东检修公司输电专业生产技能专家的大力支持，给予指导并提供相关技术性资料。在此表示诚挚的谢意！并对编写中参阅有关书刊、文献的作者一并致以敬意和感谢！

由于编者水平有限，书中可能存在不当或错误之处，敬请广大读者批评指正。

编　者

2017 年 08 月

目　　录

第一章 配电线路带电作业操作

第一节 10kV 线路带电搭接耐张杆引线（绝缘斗臂车、绝缘手套作业法）

一、人员组合

工作负责人（兼工作监护人）1 人、斗内电工（1 号电工）1 人、地面电工（2 号电工）1 人、绝缘斗臂车操作工由 1 号电工兼任。

二、作业方法

绝缘斗臂车、绝缘手套作业法。

三、工具配备一览表（包括个人防护用具）

表 1－1 作业工具配备一览表

分类	工器具或车辆	数量
特种车辆	绝缘斗臂车	1 辆
个人绝缘防护用具	10kV 绝缘手套	1 副
	防护手套	1 副
	斗内安全带	1 副
	10kV 绝缘袖套	1 副
绝缘遮蔽用具	10kV 导线遮蔽罩	3 只
	10kV 耐张线夹遮蔽罩	1 只
	10kV 绝缘毯	2 块
绝缘工器具	绝缘绳（φ12mm×15m）	1 根
	绝缘操作杆	1 根
其他主要工器具	双钩线夹	1 套
	绝缘导线剥皮刀	1 把
	导线清扫刷	1 把
	断线剪（短）	1 把
	电力楔形线夹安装枪	1 把
	2500V 及以上兆欧表或绝缘测试仪	1 套

四、作业步骤

（一）工具储运和检测

1. 领用绝缘工器具、安全用具及辅助器具，应核对工器具的使用电压等级和试验周期，同时检查外观，确保完好无损。

2. 工器具运输前，各种工器具应存放在工具袋或工具箱内，金属工具和绝缘工器具应分开装运，以防止相互碰擦造成外表损坏，降低工器具的绝缘水平。

（二）现场操作前的准备

1. 工作负责人应按带电作业工作票内容与当值调度员联系。

2. 工作负责人核对线路名称、杆号。

3. 工作前工作负责人检查耐张后段线路是否是空载线路，并确认是否符合送电条件。

4. 绝缘斗臂车进入合适位置，并可靠接地；根据道路情况设置安全围栏、警告标志或路障。

5. 工作负责人召集工作人员交代工作任务，对工作班成员进行危险点告知、交代安全措施和技术措施，确认每一个工作班成员都已知晓，检查工作班成员精神状态是否良好，人员是否合适。

6. 根据分工情况整理材料，对安全用具、绝缘工具进行检查，绝缘工具应使用兆欧表或绝缘测试仪进行分段绝缘检测，绝缘电阻值不低于700MΩ（在出库前如已测试过的可省去现场测试步骤）。

7. 查看绝缘臂、绝缘斗是否良好，调试斗臂车（在出车前如已调试过的可省去此步骤）。

8. 1号电工戴好绝缘袖套、绝缘手套和防护手套，进入绝缘斗内，挂好保险钩。

（三）操作步骤

1. 1号电工将绝缘斗调整至线路无电侧，将中相引线固定在档线绝缘子上（靠内侧导线），两边相引线临时固定好。

2. 1号电工将绝缘斗调整至内侧有电线路旁，用绝缘遮蔽罩和导线遮蔽罩组合，将耐张线夹和绝缘子绝缘遮蔽。

3. 1号电工将绝缘斗调整至有电线路内侧导线和中相导线之间下方，展开中相引线，并分别对导线、引线（如线路是绝缘导线，应在搭接处将导线绝缘层皮剥除）搭接处涂上电力脂，用刷子清除搭接处导线上的氧化层，直至符合接续要求。

4. 装有双钩线夹的短绝缘操作杆先将支接引线线头夹紧，然后手握绝缘操作杆将另一头固定在带电导线上（也可先将电力楔形线夹C形板挂在导线上，然后将支接引线钩住C形板下侧，用楔形线夹锲块嵌入C形板槽内楔紧），装好楔形线夹，用专用楔形线夹枪进行安装，并检查线夹安装符合要求后，再拆除绝缘操作杆（如是绝缘导线应进行防水处理）。

5. 其余二相引线搭接按3~4方法进行，先外侧后内侧。

6. 在搭接内侧引线前，先拆除绝缘遮蔽器具。

7. 搭接工作结束后，绝缘斗退出有电工作区域，作业人员返回地面。

8. 工作负责人对完成的工作做一个全面的检查，符合验收规范要求后，记录在册并召开收工会进行工作点评后，宣布工作结束。

9. 工作完毕后，汇报当值调度工作已经结束，工作班撤离现场。

五、安全措施及注意事项

（一）气象条件

带电作业应在良好天气下进行。如遇雷电（听见雷声、看见闪电）、雪、雹、雨、雾等，不准进行带电作业。风力大于 5 级或湿度大于 80% 时，一般不宜进行带电作业。在特殊情况下，必须在恶劣天气进行带电抢修时，应组织有关人员充分讨论并采取必要的安全措施，经本单位分管生产领导（总工程师）批准后方可进行。

（二）作业环境

1. 作业现场和绝缘斗臂车两侧，应根据道路情况设置安全围栏、警告标志或路障，防止外人进入工作区域；如在车辆繁忙地段还应与交通管理部门取得联系，以求得配合。

2. 夜间进行本项目应有足够的照明。

（三）安全距离及有效绝缘长度

1. 作业用绝缘工具都应经过摇测，绝缘电阻应不低于 700MΩ（电极间距 2cm）。

2. 工作时绝缘斗臂车的绝缘有效长度应保持 1m。

3. 在带电作业时，应保持对地不少于 0.4m，对邻相导线不少于 0.6m 的安全距离；如不能确保该安全距离时，应采用绝缘挡板、绝缘管、绝缘布及其他绝缘遮蔽措施。

4. 绝缘手套仅作为辅助绝缘，不能作主绝缘使用。

（四）遮蔽措施

1. 本项目在搭接中相引线时，与边相导线、金具安全距离不够，应对其进行绝缘遮蔽。

2. 绝缘遮蔽组合要保持不少于 15cm 的重叠。

3. 作业线路下层有低压线路合杆时，如妨碍作业，应对相关低压线路加导线遮蔽罩或用绝缘毯遮蔽。

（五）重合闸

本项目一般不需停用线路重合闸。

（六）关键点

1. 工作前应确认搭接线路是空载线路，并符合送电条件。

2. 在接触带电导线前应得到工作监护人的许可。

3. 在作业时，要注意带电导线与横担及邻相导线的安全距离。

4. 在作业时，严禁人体同时接触两个不同的电位。

5. 第一相搭头与带电导线连接后，其余引线（包括导线），应视为有电。

（七）其他安全注意事项

1. 开工前由工作负责人持带电作业工作票与当值调度取得联系，工作负责人应核对工作票中工作任务与现场工作线路名称及杆号是否一致。

2. 绝缘斗臂车应可靠接地，在作业前应进行操作检查。

3. 当斗臂车绝缘斗距有电线路 1~2m 或工作转移时，应缓慢移动，动作要平稳，严禁使用快速挡；绝缘斗臂车在作业时，发动机不能熄火（电能驱动型除外），以保证液压系统处于工作状态。

4. 在操作绝缘斗移动时，应防止与电杆、导线、周围障碍物、邻近绝缘斗臂车碰擦。

5. 在同杆架设线路上工作与上层线路小于安全距离规定且无法采取安全措施时不得进行该项工作。

6. 上、下传递工具、材料均应使用绝缘绳，严禁抛、扔。

7. 本项目工作不少于 3 人。

8. 使用只能下部操作的绝缘斗臂车应增加一名专门操作人员。

第二节　10kV 线路带电拆除耐张杆引线（绝缘斗臂车、绝缘手套作业法）

一、人员组合

工作负责人（兼工作监护人）1 人、斗内电工（1 号电工）1 人、地面电工（2 号电工）1 人、绝缘斗臂车操作工由 1 号电工兼任。

二、作业方法

绝缘斗臂车、绝缘手套作业法。

三、工具配备一览表（包括个人防护用具）

表 1-2　　　　　　　　　作业工具配备一览表

分类	工器具或车辆	数量
特种车辆	绝缘斗臂车	1 辆
个人绝缘防护用具	10kV 绝缘手套	1 副
	防护手套	1 副
	斗内安全带	1 副
	10kV 绝缘袖套	1 副

续表 1-2

分类	工器具或车辆	数量
特种车辆	绝缘斗臂车	1 辆
绝缘遮蔽用具	10kV 导线遮蔽罩	3 只
	10kV 耐张线夹遮蔽罩	1 只
	10kV 绝缘毯	2 块
绝缘工器具	绝缘绳（φ12mm×15m）	1 根
	0.6m 绝缘操作杆	1 根
其他特殊工器具	断线剪（短）	1 把
	电力楔形线夹安装枪	1 把
	2500V 及以上兆欧表或绝缘测试仪	1 套

四、作业步骤

（一）工具储运和检测

1. 领用绝缘工器具、安全用具及辅助器具，应核对工器具的使用电压等级和试验周期，同时检查外观，确保完好无损。

2. 工器具运输前，各种工器具应存放在工具袋或工具箱内，金属工具和绝缘工器具应分开装运，以防止相互碰擦造成外表损坏。

（二）现场操作前的准备

1. 工作负责人应按带电作业工作票内容与当值调度员联系。

2. 工作负责人核对线路名称、杆号。

3. 工作前工作负责人检查被拆线路是否是空载线路，并确认是否符合带电拆除引线条件。

4. 绝缘斗臂车进入合适位置，并可靠接地，根据道路情况设置安全围栏、警告标志或路障。

5. 工作负责人召集工作人员交代工作任务，对工作班成员进行危险点告知、交代安全措施和技术措施，确认每一个工作班成员都已知晓，检查工作班成员精神状态是否良好，人员是否合适。

6. 根据分工情况整理材料，对安全用具、绝缘工具进行检查，绝缘工具应使用兆欧表或绝缘测试仪进行分段绝缘检测，绝缘电阻值不低于 700MΩ（在出库前如已测试过的可省去现场测试步骤）。

7. 查看绝缘臂、绝缘斗是否良好，调试斗臂车（在出车前如已调试过的可省去此步骤）。

8. 1 号电工戴好绝缘袖套、绝缘手套和防护手套，进入绝缘斗内，挂好保险钩。

（三）操作步骤

1. 1 号电工先将绝缘斗调整到内侧导线外适当位置，在监护人的许可下装好专用楔形线夹枪，拆除楔形线夹，将拆开的引线固定在同相位已断开的本相导线上，用绝缘遮蔽罩和导线遮蔽罩组合，将有电内侧线路的耐张线夹和绝缘子绝缘遮蔽（如线路为绝缘导线时，应对导线进行防水处理）。

2. 1号电工将绝缘斗调整到外侧导线外适当位置，用上述方式拆除外侧引线并固定。

3. 1号电工将绝缘斗调整到内侧导线及中相导线下适当位置，用上述方式拆除中相引线。

4. 如拆除耐张杆引线不需恢复，可先剪断耐张杆引线，再拆除楔形线夹，并在剪断耐张杆引线时，做好防止其弹跳的措施。

5. 拆除工作结束后，拆除绝缘毯，绝缘斗退出有电工作区域，作业人员返回地面。

6. 工作负责人对完成的工作做一个全面的检查，符合验收规范要求后，记录在册，并召开收工会进行工作点评后，宣布工作结束。

7. 工作完毕后，汇报当值调度员工作已经结束，工作班撤离现场。

五、安全措施及注意事项

（一）气象条件

带电作业应在良好天气下进行。如遇雷电（听见雷声、看见闪电）、雪、雹、雨、雾等，不准进行带电作业。风力大于5级或湿度大于80%时，一般不宜进行带电作业。在特殊情况下，必须在恶劣天气进行带电抢修时，应组织有关人员充分讨论并采取必要的安全措施，经本单位分管生产领导（总工程师）批准后方可进行。

（二）作业环境

1. 作业现场和绝缘斗臂车两侧，应根据道路情况设置安全围栏、警告标志或路障，防止外人进入工作区域；如在车辆繁忙地段还应与交通管理部门取得联系，以求得配合。

2. 夜间进行本项目应有足够的照明。

（三）安全距离及有效绝缘长度

1. 作业用绝缘工具都应经过摇测，绝缘电阻应不低于700MΩ（电极间距2cm）。

2. 工作时绝缘斗臂车的绝缘有效长度应保持1m。

3. 在带电作业时，应保持对地不少于0.4m，对邻相导线不少于0.6m的安全距离；如不能确保该安全距离时，应采用绝缘挡板、绝缘管、绝缘布及其他绝缘遮蔽措施。

4. 绝缘手套仅作为辅助绝缘，不能作主绝缘使用。

（四）遮蔽措施

1. 本项目在搭接中相引线时，与边相导线、金具安全距离不够，应对其进行绝缘遮蔽。

2. 绝缘遮蔽组合要保持不少于15cm的重叠。

3. 作业线路下层有低压线路合杆时，如妨碍作业，应对相关低压线路加导线遮蔽罩或用绝缘毯遮蔽。

（五）重合闸

本项目一般不需停用线路重合闸。

（六）关键点

1. 工作前应确认被拆线路是空载线路，并符合拆除条件。

2. 在接触带电导线前应得到工作监护人的许可。

3. 在作业时，要注意带电导线与横担及邻相导线的安全距离。

4. 在作业时，严禁人体同时接触两个不同的电位。

5. 在三相引线未全部拆除前，已拆除引线的导线应视为有电。

（七）其他安全注意事项

1. 开工前由工作负责人持带电作业工作票与当值调度取得联系，工作负责人应核对工作票中工作任务与现场工作线路名称及杆号是否一致。

2. 绝缘斗臂车应可靠接地，在作业前应进行操作检查。

3. 当斗臂车绝缘斗距有电线路 1～2m 或工作转移时，应缓慢移动，动作要平稳，严禁使用快速挡；绝缘斗臂车在作业时，发动机不能熄火（电能驱动型除外），以保证液压系统处于工作状态。

4. 在操作绝缘斗移动时，应防止与电杆、导线、周围障碍物、邻近绝缘斗臂车碰擦。

5. 在同杆架设线路上工作与上层线路小于安全距离规定且无法采取安全措施时不得进行该项工作。

6. 上、下传递工具、材料均应使用绝缘绳，严禁抛、扔。

7. 本项目工作不少于 3 人。

8. 使用只能下部操作的绝缘斗臂车应增加一名专门操作人员。

图 1-1 10kV 线路带电拆除耐张杆引线图

第三节 10kV 线路带电修补导线（绝缘斗臂车、绝缘手套作业法）

一、人员组合

工作负责人（兼工作监护人）1 人、斗内电工（1 号电工）1 人、地面电工（2 号电工）1 人、绝缘斗臂车操作工由 1 号电工兼任。

二、作业方法

绝缘斗臂车、绝缘手套作业法。

三、工具配备一览表（包括个人防护用具）

表 1-3　　　　　　　　　　作业工具配备一览表

分类	工器具或车辆	数量
特种车辆	绝缘斗臂车	1 辆
个人绝缘防护用具	10kV 绝缘手套	1 副
	防护手套	1 副
	斗内安全带	1 副
绝缘遮蔽用具	10kV 导线遮蔽罩	若干
	10kV 绝缘毯	若干
绝缘工器具	绝缘绳（φ12mm×15m）	1 根
其他主要工器具	断线剪（短）	1 把

四、作业步骤

（一）工具储运和检测

1. 领用绝缘工器具、安全用具及辅助器具，应核对工器具的使用电压等级和试验周期，同时检查外观，确保完好无损。

2. 工器具运输前，各种工器具应存放在工具袋或工具箱内，金属工具和绝缘工器具应分开装运，以防止相互碰擦造成外表损坏，降低工器具的绝缘水平。

（二）现场操作前的准备

1. 工作负责人应按带电作业工作票内容与当值调度员联系。

2. 工作负责人核对线路名称、杆号。

3. 绝缘斗臂车进入合适位置，并可靠接地；根据道路情况设置安全围栏、警告标志或路障。

4. 工作负责人召集工作人员交代工作任务，对工作班成员进行危险点告知、交代安全措施和技术措施，确认每一个工作班成员都已知晓，检查工作班成员精神状态是否良好，人员是否合适。

5. 根据分工情况整理材料，对安全用具、绝缘工具进行检查，绝缘工具应使用兆欧表或绝缘测试仪进行分段绝缘检测，绝缘电阻值不低于700MΩ（在出库前如已测试过的可省去现场测试步骤）。

6. 查看绝缘臂、绝缘斗是否良好，调试斗臂车（在出车前如已调试过的可省去此步骤）。

7. 1号电工戴好绝缘手套和防护手套，进入绝缘斗内，挂好保险钩。

（三）操作步骤

1. 1号电工将绝缘斗调整至导线修补点附近适当位置，观察导线损伤情况并汇报工作负责人，由工作负责人决定修补方案。

2. 1号电工对需遮蔽的邻近设备进行绝缘遮蔽。

3. 1号电工根据导线规格选择相应的器材对导线进行修补。

4. 导线修补工作结束后，拆除绝缘遮蔽措施，绝缘斗退出有电工作区域，作业人员返回地面。

5. 工作负责人对完成的工作做一个全面的检查，符合验收规范要求后，记录在册并召开收工会进行工作点评后，宣布工作结束。

6. 工作完毕后，汇报当值调度工作已经结束，工作班撤离现场。

五、安全措施及注意事项

（一）气象条件

带电作业应在良好天气下进行。如遇雷电（听见雷声、看见闪电）、雪、雹、雨、雾等，不准进行带电作业。风力大于5级或湿度大于80%时，一般不宜进行带电作业。在特殊情况下，必须在恶劣天气进行带电抢修时，应组织有关人员充分讨论并采取必要的安全措施，经本单位分管生产领导（总工程师）批准后方可进行。

（二）作业环境

1. 作业现场和绝缘斗臂车两侧，应根据道路情况设置安全围栏、警告标志或路障，防止外人进入工作区域；如在车辆繁忙地段还应与交通管理部门取得联系，以求得配合。

2. 夜间进行本项目应有足够的照明。

（三）安全距离及有效绝缘长度

1. 作业用绝缘工具都应经过摇测，绝缘电阻应不低于700MΩ（电极间距2cm）。

2. 工作时绝缘斗臂车的绝缘有效长度应保持1m。

3. 在带电作业时，应保持对地不少于0.4m，对邻相导线不少于0.6m的安全距离；如不能确保该安全距离时，应采用绝缘挡板、绝缘管、绝缘布及其他绝缘遮蔽措施。

4. 绝缘手套仅作为辅助绝缘，不能作主绝缘使用。

（四）遮蔽措施

1. 本项目在修补导线时，与邻近设备安全距离不够时，应对邻近设备加绝缘遮蔽措施。

2. 作业线路下层有低压线路合杆时，如妨碍作业，应对相关低压线路加导线遮蔽罩或用绝缘毯遮蔽。

（五）重合闸

本项目一般不需停用线路重合闸。

（六）关键点

1. 作业人员应认真检查导线损伤情况，工作负责人决定相应的修补方案、遮蔽措施及防断线安全措施。

2. 在接触带电导线前应得到工作监护人的许可。

3. 对较长绑线在移动过程中或在一端进行绑扎时，应采取防止绑线接近邻近有电设备的安全措施。

4. 在作业时，严禁人体同时接触两个不同的电位。

（七）其他安全注意事项

1. 开工前由工作负责人持带电作业工作票与当值调度取得联系，工作负责人应核对工作票中工作任务与现场工作线路名称及杆号是否一致。

2. 绝缘斗臂车应可靠接地，在作业前应进行操作检查。

3. 当斗臂车绝缘斗距有电线路 1～2m 或工作转移时，应缓慢移动，动作要平稳，严禁使用快速挡；绝缘斗臂车在作业时，发动机不能熄火（电能驱动型除外），以保证液压系统处于工作状态。

4. 在操作绝缘斗移动时，应防止与电杆、导线、周围障碍物、邻近绝缘斗臂车碰擦。

5. 在同杆架设线路上工作与上层线路小于安全距离规定且无法采取安全措施时不得进行该项工作。

6. 上、下传递工具、材料均应使用绝缘绳，严禁抛、扔。

7. 根据导线损伤情况，由工作负责人决定是否采取防止作业过程中导线断线的安全措施。

8. 本项目工作不少于 3 人。

9. 使用只能下部操作的绝缘斗臂车应增加一名专门操作人员。

第四节　10kV 线路带电调换直线绝缘子
（支撑导线、绝缘斗臂车、绝缘手套作业法）

一、人员组合

工作负责人（兼工作监护人）1 人、斗内电工（1 号电工）1 人、杆上电工（2 号电工）1人、地面电工（3号电工）1人、绝缘斗臂车操作工由1号电工兼任。

二、作业方法

支撑导线、绝缘斗臂车、绝缘手套作业法。

三、工具配备一览表（包括个人防护用具）

表1-4　　　　　　　　　　作业工具配备一览表

分类	工器具或车辆	数量
特种车辆	绝缘斗臂车（配有绝缘横担支架）	1辆
个人绝缘防护用具	10kV绝缘手套	1副
	防护手套	1副
	斗内安全带	1副
	绝缘肩套	1件
绝缘遮蔽用具	10kV导线遮蔽罩	6根
	1m导线遮蔽罩	3根
	10kV绝缘毯	3块
	边相绝缘子绝缘遮蔽罩	2只
	中相绝缘子绝缘遮蔽罩	1只
绝缘工器具	绝缘吊绳　（φ12mm）	1根

四、作业步骤

（一）工具储运和检测

1. 领用绝缘工器具、安全用具及辅助器具，应核对工器具的使用电压等级和试验周期，同时检查外观，确保完好无损。

2. 工器具运输前，各种工器具应存放在工具袋或工具箱内，金属工具和绝缘工器具应分开装运，以防止相互碰擦造成外表损坏。

（二）现场操作前的准备

1. 工作负责人应按带电作业工作票内容与当值调度员联系。

2. 工作负责人核对线路名称、杆号。

3. 绝缘斗臂车进入合适位置，并可靠接地；根据道路情况设置安全围栏、警告标志或路障。

4. 工作负责人召集工作人员交代工作任务，对工作班成员进行危险点告知、交代安全措施和技术措施，确认每一个工作班成员都已知晓，检查工作班成员精神状态是否良好，人员是否合适。

5. 根据分工情况整理材料，对安全用具、绝缘工具进行检查，绝缘工具应使用兆欧表或绝缘测试仪进行分段绝缘检测，绝缘电阻值不低于700MΩ（在出库前如已测试

过的可省去现场测试步骤）。

6. 查看绝缘臂、绝缘斗是否良好，调试斗臂车（在出车前如已调试过的可省去此步骤）。

7. 1 号电工戴好绝缘手套和防护手套，进入绝缘斗内，挂好保险钩。

（三）操作步骤

1. 1 号电工将绝缘斗调整到内侧导线下，得到工作监护人许可后对内侧导线套好导线遮蔽罩。

2. 其余二相按步骤 1 的方法由内到外逐相进行。

3. 将绝缘斗返回地面，在 3 号电工协助下在吊臂上组装撑杆及绝缘横担后返回导线下准备支撑导线。

4. 1 号电工调整吊臂使三相导线分别置于绝缘横担上的滑轮内，然后加上保险。

5. 1 号电工将绝缘撑杆缓缓上升，使绝缘撑杆受力；1 号电工加好绝缘子绝缘遮蔽罩，拆除导线扎线，缓缓支撑起三相导线至超出杆顶 1m 以上的位置。

6. 工作负责人指挥 2 号电工登杆更换绝缘子，并安装好瓷瓶绝缘遮蔽罩。

7. 工作结束后 2 号电工返回地面。

8. 1 号电工在监护人的许可下操作，将绝缘撑杆缓缓下降，使中相导线下降，落到中相绝缘子后停止，由 1 号电工将中相导线用扎线固定在绝缘子上，打开中相滑轮保险后，继续下降绝缘撑杆，并按相同方法分别固定导线。

9. 三相导线的固定，可按先中间、后两边的程序用扎线分别固定在绝缘子上。

10. 1 号电工将绝缘横担上的其余滑轮保险打开，操作吊臂使绝缘横担缓缓脱离导线。

11. 三相导线的安装工作结束后，按先中间、后两边的顺序拆除导线遮蔽罩、绝缘子绝缘遮蔽罩，最后 1 号电工将绝缘斗退出有电工作区域，作业人员返回地面。

12. 工作负责人对完成的工作做一个全面的检查，符合验收规范要求后，记录在册并召开收工会进行工作点评后，宣布工作结束。

13. 工作完毕后，汇报当值调度工作已经结束，工作班撤离现场。

五、安全措施及注意事项

（一）气象条件

带电作业应在良好天气下进行。如遇雷电（听见雷声、看见闪电）、雪、雹、雨、雾等，不准进行带电作业。风力大于 5 级或湿度大于 80% 时，一般不宜进行带电作业。在特殊情况下，必须在恶劣天气进行带电抢修时，应组织有关人员充分讨论并采取必要的安全措施，经本单位分管生产领导（总工程师）批准后方可进行。

（二）作业环境

1. 作业现场和绝缘斗臂车两侧，应根据道路情况设置安全围栏、警告标志或路障，防止外人进入工作区域；如在车辆繁忙地段还应与交通管理部门取得联系，以求得配合。

2. 夜间作业进行带电作业应有足够的照明。

（三）安全距离及有效绝缘长度

1. 作业用绝缘工具都应经过摇测，绝缘电阻应不低于700MΩ（电极间距2cm）。

2. 工作时绝缘斗臂车的绝缘有效长度应保持1m。

3. 在带电作业时，应保持对地不少于0.4m，对邻相导线不少于0.6m的安全距离；如不能确保该安全距离时，应采用绝缘挡板、绝缘管、绝缘布及其他绝缘遮蔽措施。

4. 绝缘手套仅作为辅助绝缘，不能作主绝缘使用。

（四）遮蔽措施

1. 三相导线加导线遮蔽罩或遮蔽罩、绝缘毯。

2. 直线横担绝缘子上加装绝缘子绝缘遮蔽罩或绝缘毯遮蔽。

3. 作业线路下层有低压线路合杆时，如妨碍作业，应对相关低压线路加导线遮蔽罩或绝缘毯遮蔽。

（五）重合闸

本项目需停用线路重合闸。

（六）关键点

1. 在接触带电导线前应得到工作监护人的许可。

2. 2号电工在登杆作业时，应对有电线路保持不少于0.4m的安全距离。

3. 提升导线前及提升过程中，应检查两侧电杆上的导线扎线是否牢靠，如有松动、脱线现象，必须重新绑扎加固后方可进行作业。

4. 提升和下降导线时，要缓缓进行，防止导线晃动，以免造成相间短路。

5. 在作业时，严禁人体同时接触两个不同的电位。

（七）其他安全注意事项

1. 开工前由工作负责人持带电作业工作票与当值调度取得联系，工作负责人应核对工作票中工作任务与现场工作线路名称及杆号是否一致。

2. 绝缘斗臂车应可靠接地，在作业前应进行操作检查。

3. 当斗臂车绝缘斗距有电线路1~2m或工作转移时，应缓慢移动，动作要平稳，严禁使用快速挡；绝缘斗臂车在作业时，发动机不能熄火（电能驱动型除外），以保证液压系统处于工作状态。

4. 在操作绝缘斗移动时，应防止与电杆、导线、周围障碍物、邻近绝缘斗臂车碰擦。

5. 在同杆架设线路上工作与上层线路小于安全距离规定且无法采取安全措施时不得进行该项工作。

6. 上、下传递工具、材料均应使用绝缘绳，严禁抛、扔。

7. 本项目工作不少于4人。

第五节　10kV 线路带电调换耐张绝缘子（绝缘斗臂车、绝缘手套作业法）

一、人员组合

工作负责人（兼工作监护人）1 人、斗内电工（1 号电工）1 人、杆上电工（2 号电工）1 人、地面电工（3 号电工）1 人、绝缘斗臂车操作工由 1 号电工兼任。

二、作业方法

绝缘斗臂车、绝缘手套作业法。

三、工具配备一览表（包括个人防护用具）

表 1-5　　　　　　　　　作业工具配备一览表

分类	工器具或车辆	数量
特种车辆	绝缘斗臂车	1 辆
个人绝缘防护用具	10kV 绝缘手套	1 副
	防护手套	1 副
	斗内安全带	1 副
	绝缘肩套	1 件
绝缘遮蔽用具	10kV 导线遮蔽罩	6 根
	1m 导线遮蔽罩	3 根
	10kV 绝缘毯	3 块
	耐张绝缘子遮蔽罩	2 只
绝缘工器具	绝缘托平架	1 只
	绝缘拉线绳	1 根
	绝缘联板	1 块
	绝缘吊绳（φ12mm）	1 根

四、作业步骤

（一）工具储运和检测

1. 领用绝缘工器具、安全用具及辅助器具，应核对工器具的使用电压等级和试验周期，同时检查外观，确保完好无损。

2. 工器具运输前，各种工器具应存放在工具袋或工具箱内，金属工具和绝缘工器具应分开装运，以防止相互碰擦造成外表损坏。

（二）现场操作前的准备

1. 工作负责人应按带电作业工作票内容与当值调度员联系。

2. 工作负责人核对线路名称、杆号。

3. 绝缘斗臂车进入合适位置，并可靠接地；根据道路情况设置安全围栏、警告标志或路障。

4. 工作负责人召集工作人员交代工作任务，对工作班成员进行危险点告知、交代安全措施和技术措施，确认每一个工作班成员都已知晓，检查工作班成员精神状态是否良好，人员是否合适。

5. 根据分工情况整理材料，对安全用具、绝缘工具进行检查，绝缘工具应使用兆欧表或绝缘测试仪进行分段绝缘检测，绝缘电阻值不低于 700MΩ（在出库前如已测试过的可省去现场测试步骤）。

6. 查看绝缘臂、绝缘斗是否良好，调试斗臂车（在出车前如已调试过的可省去此步骤）。

7. 1号电工戴好绝缘手套和防护手套，进入绝缘斗内，挂好保险钩。

（三）操作步骤

1. 1号电工将绝缘斗调整到中相导线下，得到工作监护人许可后对中相导线套好导线遮蔽罩。

2. 1号电工将绝缘斗调整到内侧导线外侧适当位置，对内侧耐张绝缘子加装耐张绝缘子罩，做好绝缘遮蔽措施。

3. 1号电工将绝缘联板安装在耐张横担上，挂上紧线器，收紧导线至耐张绝缘子松弛。

4. 1号电工在紧线器外侧加装作为后备保护用的绝缘拉线绳并拉紧固定，在耐张绝缘子上加装绝缘托平架。

5. 1号电工手扶绝缘托平架，将耐张线夹与耐张绝缘子连接螺栓拔除，使两者脱离。

6. 1号电工拆除旧耐张绝缘子，安装新耐张绝缘子，并在新耐张绝缘子安装好绝缘托平架。

7. 1号电工手扶绝缘托平架，将耐张线夹与耐张绝缘子连接螺栓安装好。

8. 1号电工拆除绝缘拉线绳并放松紧线器，使绝缘子受力后，拆下紧线器及绝缘联板。

9. 其余二相耐张绝缘子的调换按步骤 2~8 的方法进行。

10. 三相耐张绝缘子的调换，可按由简单到复杂、先易后难的原则进行，或先两侧、后中间。

11. 1号电工拆除所有绝缘措施将绝缘斗退出有电工作区域，作业人员返回地面。

12. 工作负责人对完成的工作做一个全面的检查，符合验收规范要求后，记录在册并召开收工会进行工作点评后，宣布工作结束。

13. 工作完毕后，汇报当值调度工作已经结束，工作班撤离现场。

五、安全措施及注意事项

（一）气象条件

带电作业应在良好天气下进行。如遇雷电（听见雷声、看见闪电）、雪、雹、雨、雾等，不准进行带电作业。风力大于5级或湿度大于80%时，一般不宜进行带电作业。在特殊情况下，必须在恶劣天气进行带电抢修时，应组织有关人员充分讨论并采取必要的安全措施，经本单位分管生产领导（总工程师）批准后方可进行。

（二）作业环境

1. 作业现场和绝缘斗臂车两侧，应根据道路情况设置安全围栏、警告标志或路障，防止外人进入工作区域；如在车辆繁忙地段还应与交通管理部门取得联系，以求得配合。

2. 夜间作业进行带电作业应有足够的照明。

（三）安全距离及有效绝缘长度

1. 作业用绝缘工具都应经过摇测，绝缘电阻应不低于700MΩ（电极间距2cm）。

2. 工作时绝缘斗臂车的绝缘有效长度应保持1m。

3. 在带电作业时，应保持对地不少于0.4m，对邻相导线不少于0.6m的安全距离；如不能确保该安全距离时，应采用绝缘挡板、绝缘管、绝缘布及其他绝缘遮蔽措施。

4. 绝缘手套仅作为辅助绝缘，不能作主绝缘使用。

（四）遮蔽措施

1. 耐张绝缘子上加装绝缘子遮蔽罩或绝缘毯遮蔽。

2. 作业线路下层有低压线路合杆时，如妨碍作业，应对相关低压线路加导线遮蔽罩或绝缘毯遮蔽。

（五）重合闸

本项目需停用线路重合闸。

（六）关键点

1. 在接触带电导线前应得到工作监护人的许可。

2. 收紧导线后应用绝缘拉线绳拉紧并固定。

3. 在作业时，严禁人体同时接触两个不同的电位。

（七）其他安全注意事项

1. 开工前由工作负责人持带电作业工作票与当值调度取得联系，工作负责人应核对工作票中工作任务与现场工作线路名称及杆号是否一致。

2. 绝缘斗臂车应可靠接地，在作业前应进行操作检查。

3. 当斗臂车绝缘斗距有电线路1~2m或工作转移时，应缓慢移动，动作要平稳，严禁使用快速挡；绝缘斗臂车在作业时，发动机不能熄火（电能驱动型除外），以保证液压系统处于工作状态。

4. 在操作绝缘斗移动时，应防止与电杆、导线、周围障碍物、邻近绝缘斗臂车碰擦。

5. 在同杆架设线路上工作与上层线路小于安全距离规定且无法采取安全措施时不

得进行该项工作。

6. 上、下传递工具、材料均应使用绝缘绳，严禁抛、扔。

7. 本项目工作不少于 4 人。

第六节 10kV 线路带电搭接跌落式熔断器上引线（绝缘斗臂车、绝缘手套作业法）

一、人员组合

工作负责人（兼工作监护人）1 人、斗内电工（1 号电工）1 人、地面电工（3 号电工）1 人、绝缘斗臂车操作工由 1 号电工兼任。

二、作业方法

绝缘斗臂车、绝缘手套作业法。

三、工具配备一览表（包括个人防护用具）

表 1-6   作业工具配备一览表

分类	工器具或车辆	数量
特种车辆	绝缘斗臂车	1 辆
个人绝缘防护用具	10kV 绝缘手套	1 副
	防护手套	1 副
	斗内安全带	1 副
绝缘遮蔽用具	10kV 导线遮蔽罩	1 根
绝缘工器具	绝缘绳（φ12mm×15m）	1 根
	绝缘操作杆	1 根
其他主要工器具	双钩线夹	1 套
	绝缘导线剥皮刀	1 把
	导线清扫刷	1 把
	断线剪（短）	1 把
	电力楔形线夹安装枪	1 把
	2500V 及以上兆欧表或绝缘测试仪	1 套

四、作业步骤

（一）工具储运和检测

1. 领用绝缘工器具、安全用具及辅助器具，应核对工器具的使用电压等级和试验周期，同时检查外观，确保完好无损。

2. 工器具运输前，各种工器具应存放在工具袋或工具箱内，金属工具和绝缘工器具应分开装运，以防止相互碰擦造成外表损坏。

（二）现场操作前的准备

1. 工作负责人应按带电作业工作票内容与当值调度员联系。

2. 工作负责人核对线路名称、杆号。

3. 工作前工作负责人检查需要搭接的跌落式熔断器是否在拉开位置。

4. 绝缘斗臂车进入合适位置，并可靠接地；根据道路情况设置安全围栏、警告标志或路障。

5. 工作负责人召集工作人员交代工作任务，对工作班成员进行危险点告知、交代安全措施和技术措施，确认每一个工作班成员都已知晓，检查工作班成员精神状态是否良好，人员是否合适。

6. 根据分工情况整理材料，对安全用具、绝缘工具进行检查，绝缘工具应使用兆欧表或绝缘测试仪进行分段绝缘检测，绝缘电阻值不低于 700MΩ（在出库前如已测试过的可省去现场测试步骤）。

7. 查看绝缘臂、绝缘斗是否良好，调试斗臂车（在出车前如已调试过的可省去此步骤）。

8. 1 号电工戴好绝缘手套和防护手套，进入绝缘斗内，挂好保险钩。

（三）操作步骤

1. 1 号电工将绝缘斗调整至内侧导线下适当位置，得到工作监护人许可后对内侧导线套好导线遮蔽罩，做好绝缘遮蔽措施；如是绝缘导线，应在搭头处将导线绝缘层皮剥除。

2. 1 号电工将绝缘斗调整至线路下方与跌落式熔断器平行处，并与有电线路保持 0.4m 以上安全距离，检查三相跌落式熔断器安装是否符合验收规范要求，用绝缘操作杆测量三相引线长度，根据长度做好搭接的准备工作（绝缘导线引线需剥皮）。

3. 将绝缘斗调整到外侧导线外适当位置，展开外侧跌落式熔断器上桩头引线，量好搭接引线的长度，剥除引线处绝缘层；并分别对导线、引线搭接处涂上电力脂，用刷子清除搭接处导线上的氧化层，直至符合接续要求。

4. 先将装有双钩线夹的短绝缘操作杆引下线线头夹紧，然后手握绝缘操作杆将另一头钩在带电导线上，并拧紧（也可先将电力楔形线夹 C 形板挂在导线上，然后将引线钩住 C 形板下侧，用楔形线夹锶块嵌入 C 形板槽内楔紧），装好楔形线夹，用专用楔形线夹枪进行安装，并检查线夹安装符合要求后，拆除绝缘操作杆（如是绝缘导线应进行防水处理）。

5. 其余两相引线搭接按步骤 3、步骤 4 的方法进行；

6. 三相引线搭接，可按由复杂到简单、先难后易的原则进行，先远（外侧）后近（内侧），或根据现场情况先中间、后两侧，对有跌落式熔断器的支接引线（10307）搭接作业应先搭中相。

7. 搭头工作结束后，拆除导线遮蔽罩，绝缘斗退出有电工作区域，作业人员返回地面。

8. 工作负责人对完成的工作做一个全面的检查，符合验收规范要求后，记录在册并召开收工会进行工作点评后，宣布工作结束。

9. 工作完毕后，汇报当值调度工作已经结束，工作班撤离现场。

五、安全措施及注意事项

（一）气象条件

带电作业应在良好天气下进行。如遇雷电（听见雷声、看见闪电）、雪、雹、雨、雾等，不准进行带电作业。风力大于 5 级或湿度大于 80% 时，一般不宜进行带电作业。在特殊情况下，必须在恶劣天气进行带电抢修时，应组织有关人员充分讨论并采取必要的安全措施，经本单位分管生产领导（总工程师）批准后方可进行。

（二）作业环境

1. 作业现场和绝缘斗臂车两侧，应根据道路情况设置安全围栏、警告标志或路障，防止外人进入工作区域；如在车辆繁忙地段还应与交通管理部门取得联系，以求得配合。

2. 夜间作业进行本项目应有足够的照明。

（三）安全距离及有效绝缘长度

1. 作业用绝缘工具都应经过摇测，绝缘电阻应不低于 700MΩ（电极间距 2cm）。

2. 工作时绝缘斗臂车的绝缘有效长度应保持 1m。

3. 在带电作业时，应保持对地不少于 0.4m，对邻相导线不少于 0.6m 的安全距离；如不能确保该安全距离时，应采用绝缘挡板、绝缘管、绝缘布及其他绝缘遮蔽措施。

4. 绝缘手套仅作为辅助绝缘，不能作主绝缘使用。

（四）遮蔽措施

1. 在搭接中相引线时，如与边相导线安全距离不够，应对边相导线加导线遮蔽罩或遮蔽罩、绝缘毯。

2. 作业线路下层有低压线路合杆时，如妨碍作业，应对相关低压线路加导线遮蔽罩或绝缘毯遮蔽。

（五）重合闸

本项目一般不需停用线路重合闸。

（六）关键点

1. 在接触带电导线前应得到工作监护人的许可。

2. 在作业时，要注意带电导线与横担及邻相导线的安全距离。

3. 在搭接中相引线时，作业人员应位于中相与遮蔽相导线之间。

4. 在作业时，严禁人体同时接触两个不同的电位。

（七）其他安全注意事项

1. 开工前由工作负责人持带电作业工作票与当值调度取得联系，工作负责人应核对工作票中工作任务与现场工作线路名称及杆号是否一致。

2. 绝缘斗臂车应可靠接地，在作业前应进行操作检查。

3. 当斗臂车绝缘斗距有电线路 1~2m 或工作转移时，应缓慢移动，动作要平稳，严禁使用快速挡；绝缘斗臂车在作业时，发动机不能熄火（电能驱动型除外），以保证液压系统处于工作状态。

4. 在操作绝缘斗移动时，应防止与电杆、导线、周围障碍物、邻近绝缘斗臂车碰擦。

5. 在同杆架设线路上工作与上层线路小于安全距离规定，且无法采取安全措施时不得进行该项工作。

6. 上、下传递工具、材料均应使用绝缘绳，严禁抛、扔。

7. 本项目工作不少于 3 人。

8. 使用只能下部操作的绝缘斗臂车应增加一名专门操作人员。

第七节 10kV 线路带电拆除跌落式熔断器上引线（导线搭头、绝缘斗臂车、绝缘手套作业法）

一、人员组合

工作负责人（兼工作监护人）1 人、斗内电工（1 号电工）1 人、地面电工（3 号电工）1 人、绝缘斗臂车操作工由 1 号电工兼任。

二、作业方法

导线搭头、绝缘斗臂车、绝缘手套作业法。

三、工具配备一览表（包括个人防护用具）

表 1-7　　　　　　　　　　作业工具配备一览表

分类	工器具或车辆	数量
特种车辆	绝缘斗臂车	1 辆
个人绝缘防护用具	10kV 绝缘手套	1 副
	防护手套	1 副
	斗内安全带	1 副
绝缘遮蔽用具	10kV 导线遮蔽罩	1 根
绝缘工器具	绝缘绳（φ12mm×15m）	1 根
	绝缘操作杆	1 根
其他主要工器具	断线剪（短）	1 把
	电力楔型线夹安装枪	1 把
	2500V 及以上兆欧表或绝缘测试仪	1 套

四、作业步骤

（一）工具储运和检测

1. 领用绝缘工器具、安全用具及辅助器具，应核对工器具的使用电压等级和试验周期，同时检查外观，确保完好无损。

2. 工器具运输前，各种工器具应存放在工具袋或工具箱内，金属工具和绝缘工器具应分开装运，以防止相互碰擦造成外表损坏。

（二）现场操作前的准备

1. 工作负责人应按带电作业工作票内容与当值调度员联系。

2. 工作负责人核对线路名称、杆号。

3. 工作前工作负责人检查需要拆除的跌落式熔断器是否在拉开位置。

4. 绝缘斗臂车进入合适位置，并可靠接地；根据道路情况设置安全围栏、警告标志或路障。

5. 工作负责人召集工作人员交代工作任务，对工作班成员进行危险点告知、交代安全措施和技术措施，确认每一个工作班成员都已知晓，检查工作班成员精神状态是否良好，人员是否合适。

6. 根据分工情况整理材料，对安全用具、绝缘工具进行检查，绝缘工具应使用250V兆欧表或绝缘测试仪进行分段绝缘检测，绝缘电阻值不低于700MΩ（在出库前如已测试过的可省去现场测试步骤）。

7. 查看绝缘臂、绝缘斗是否良好，调试斗臂车（在出车前如已调试过的可省去此步骤）。

8. 1号电工戴好绝缘手套和防护手套，进入绝缘斗内，挂好保险钩。

（三）操作步骤

1. 1号电工将绝缘斗调整至内侧导线外适当位置，在工作监护人许可下装好专用楔形线夹枪，拆除楔形线夹，将已拆开的跌落式熔断器上引线圈好在跌落式熔断器上（如线路为绝缘导线时，应对导线进行防水处理）。

2. 1号电工得到工作监护人许可后对内侧导线套好导线遮蔽罩，做好绝缘遮蔽措施。

3. 其余二相引线拆除按步骤1的方法进行。

4. 三相引线拆除，可按由简单到复杂、先易后难的原则进行。

5. 如拆除跌落式熔断器上引线不需恢复，可先剪断跌落式熔断器上引线，再拆除楔形线夹，并在剪断跌落式熔断器上引线时，做好防止其弹跳的措施。

6. 拆除工作结束后，拆除导线遮蔽罩，绝缘斗退出有电工作区域，作业人员返回地面。

7. 工作负责人对完成的工作做一个全面的检查，符合验收规范要求后，记录在册并召开收工会进行工作点评后，宣布工作结束。

8. 工作完毕后，汇报当值调度员工作已经结束，工作班撤离现场。

五、安全措施及注意事项

（一）气象条件

带电作业应在良好天气下进行。如遇雷电（听见雷声、看见闪电）、雪、雹、雨、雾等，不准进行带电作业。风力大于 5 级或湿度大于 80% 时，一般不宜进行带电作业。在特殊情况下，必须在恶劣天气进行带电抢修时，应组织有关人员充分讨论并采取必要的安全措施，经本单位分管生产领导（总工程师）批准后方可进行。

（二）作业环境

1. 作业现场和绝缘斗臂车两侧，应根据道路情况设置安全围栏、警告标志或路障，防止外人进入工作区域；如在车辆繁忙地段还应与交通管理部门取得联系，以求得配合。

2. 夜间进行作业本项目应有足够的照明。

（三）安全距离及有效绝缘长度

1. 作业用绝缘工具都应经过摇测，绝缘电阻应不低于 700MΩ（电极间距 2cm）。

2. 工作时绝缘斗臂车的绝缘有效长度应保持 1m。

3. 在带电作业时，应保持对地不少于 0.4m，对邻相导线不少于 0.6m 的安全距离；如不能确保该安全距离时，应采用绝缘挡板、绝缘管、绝缘布及其他绝缘遮蔽措施。

4. 绝缘手套仅作为辅助绝缘，不能作主绝缘使用。

（四）遮蔽措施

1. 本项目在拆除中相引线时，与边相导线安全距离不够，应对边相导线加导线遮蔽罩或遮蔽罩、绝缘毯。

2. 作业线路下层有低压线路合杆时，如妨碍作业，应对相关低压线路加导线遮蔽罩或绝缘毯遮蔽。

（五）重合闸

本项目一般不需停用线路重合闸。

（六）关键点

1. 在接触带电导线前应得到工作监护人的许可。

2. 在作业时，要注意带电导线与横担及邻相导线的安全距离。

3. 在拆除中相引线时，作业人员应位于中相与遮蔽相导线之间。

4. 在作业时，严禁人体同时接触两个不同的电位。

5. 在三相引线未全部拆除前，已拆除引线的设备应视为有电。

（七）其他安全注意事项

1. 开工前由工作负责人持带电作业工作票与当值调度取得联系，工作负责人应核对工作票中工作任务与现场工作线路名称及杆号是否一致。

2. 绝缘斗臂车应可靠接地，在作业前应进行操作检查。

3. 当斗臂车绝缘斗距有电线路 1~2m 或工作转移时，应缓慢移动，动作要平稳，严禁使用快速挡；绝缘斗臂车在作业时，发动机不能熄火（电能驱动型除外），以保证液压系统处于工作状态。

4. 在操作绝缘斗移动时，应防止与电杆、导线、周围障碍物、邻近绝缘斗臂车碰擦。

5. 在同杆架设线路上工作与上层线路小于安全距离规定，且无法采取安全措施时不得进行该项工作。

6. 上、下传递工具、材料均应使用绝缘绳，严禁抛、扔。

7. 本项目工作不少于 3 人。

8. 使用只能下部操作的绝缘斗臂车应增加一名专门操作人员。

第八节　10kV 线路带电搭接分段跌落式熔断器引线 （绝缘斗臂车、绝缘手套作业法）

一、人员组合

工作负责人（兼工作监护人）1 人、斗内电工（1 号电工）1 人、地面电工（3 号电工）1 人、绝缘斗臂车操作工由 1 号电工兼任。

二、作业方法

绝缘斗臂车、绝缘手套作业法。

三、工具配备一览表（包括个人防护用具）

表 1-8　　　　　　　　　　　作业工具配备一览表

分类	工器具或车辆	数量
特种车辆	绝缘斗臂车	1 辆
个人绝缘防护用具	10kV 绝缘手套	1 副
	防护手套	1 副
	斗内安全带	1 副
绝缘遮蔽用具	10kV 导线遮蔽罩	1 根
绝缘工器具	绝缘绳（φ12mm×15m）	1 根
	绝缘操作杆	1 根
其他主要工器具	双钩线夹	1 套
	绝缘导线剥皮刀	1 把
	导线清扫刷	1 把
	断线剪（短）	1 把
	电力楔形线夹安装枪	1 把
	2500V 及以上兆欧表或绝缘测试仪	1 套

四、作业步骤

（一）工具储运和检测

1. 领用绝缘工器具、安全用具及辅助器具，应核对工器具的使用电压等级和试验周期，同时检查外观，确保完好无损。

2. 工器具运输前，各种工器具应存放在工具袋或工具箱内，金属工具和绝缘工器具应分开装运，以防止相互碰擦造成外表损坏。

（二）现场操作前的准备

1. 工作负责人应按带电作业工作票内容与当值调度员联系。

2. 工作负责人核对线路名称、杆号。

3. 工作前工作负责人检查需要搭接的跌落式熔断器是否在拉开位置。

4. 绝缘斗臂车进入合适位置，并可靠接地，根据道路情况设置安全围栏、警告标志或路障。

5. 工作负责人召集工作人员交代工作任务，对工作班成员进行危险点告知、交代安全措施和技术措施，确认每一个工作班成员都已知晓，检查工作班成员精神状态是否良好，人员是否合适。

6. 根据分工情况整理材料，对安全用具、绝缘工具进行检查，绝缘工具应使用兆欧表或绝缘测试仪进行分段绝缘检测，绝缘电阻值不低于 $700M\Omega$（在出库前如已测试过的可省去现场测试步骤）。

7. 查看绝缘臂、绝缘斗是否良好，调试斗臂车（在出车前如已调试过的可省去此步骤）。

8. 1 号电工戴好绝缘手套和防护手套，进入绝缘斗内，挂好保险钩。

（三）操作步骤

1. 1 号电工将绝缘斗调整至跌落式熔断器上引线内侧导线下，得到工作监护人许可后对跌落式熔断器上引线内侧导线套好导线遮蔽罩，做好绝缘遮蔽措施；如是绝缘导线，应在搭头处将导线绝缘层皮剥除。

2. 1 号电工将绝缘斗调整至跌落式熔断器上引线线路下方距跌落式熔断器平行处，并保持 0.4m 以上安全距离，检查三相跌落式熔断器安装是否符合验收规范要求，用操作杆测量三相引线长度，根据长度做好搭接的准备工作（绝缘导线引线需剥皮）。

3. 将绝缘斗调整到跌落式熔断器上引线侧的导线外侧下，展开外侧跌落式熔断器上桩头引线，量好搭接引线的长度，剥除引线处绝缘层，并分别对导线、引线搭接处涂上电力脂，用刷子清除搭接处导线上的氧化层，直至符合接续要求。

4. 先将装有双钩线夹的短绝缘操作杆引下线线头夹紧，然后手握绝缘操作杆将另一头钩在带电导线上，并拧紧（也可先将电力楔形线夹 C 形板挂在导线上，然后将引线钩住 C 形板下侧，用楔形线夹锲块嵌入 C 形板槽内楔紧），装好楔形线夹，用专用楔形线夹枪进行安装，并检查线夹安装符合要求后，拆除绝缘操作棒（如是绝缘导线应进行防水处理）。

5. 其余二相跌落式熔断器上引线搭接按步骤3、步骤4的方法进行。

6. 三相跌落式熔断器上引线搭接，可按由复杂到简单、先难后易的原则进行，先远（外侧）后近（内侧），或根据现场情况先中间、后两侧。

7. 跌落式熔断器上引线搭头工作结束后，拆除导线遮蔽罩。

8. 三相跌落式熔断器下引线搭接按步骤1～步骤7的方法搭接，按先中间、后两侧的顺序进行，完毕后绝缘斗退出有电工作区域，返回地面。

9. 工作负责人对完成的工作做一个全面的检查，符合验收规范要求后，记录在册并召开收工会进行工作点评后，宣布工作结束。

10. 工作完毕后，汇报当值调度工作已经结束，工作班撤离现场。

五、安全措施及注意事项

（一）气象条件

带电作业应在良好天气下进行。如遇雷电（听见雷声、看见闪电）、雪、雹、雨、雾等，不准进行带电作业。风力大于5级或湿度大于80%时，一般不宜进行带电作业。在特殊情况下，必须在恶劣天气进行带电抢修时，应组织有关人员充分讨论并采取必要的安全措施，经本单位分管生产领导（总工程师）批准后方可进行。

（二）作业环境

1. 作业现场和绝缘斗臂车两侧，应根据道路情况设置安全围栏、警告标志或路障，防止外人进入工作区域；如在车辆繁忙地段还应与交通管理部门取得联系，以求得配合。

2. 夜间作业进行本项目应有足够的照明。

（三）安全距离及有效绝缘长度

1. 作业用绝缘工具都应经过摇测，绝缘电阻应不低于700MΩ（电极间距2cm）。

2. 工作时绝缘斗臂车的绝缘有效长度应保持1m。

3. 在带电作业时，应保持对地不少于0.4m，对邻相导线不少于0.6m的安全距离；如不能确保该安全距离时，应采用绝缘挡板、绝缘管、绝缘布及其他绝缘遮蔽措施。

4. 绝缘手套仅作为辅助绝缘，不能作主绝缘使用。

（四）遮蔽措施

1. 本项目在搭接中相跌落式熔断器上、下引线时，与边相导线安全距离不够，应对边相导线加导线遮蔽罩或遮蔽罩、绝缘毯。

2. 作业线路下层有低压线路合杆时，如妨碍作业，应对相关低压线路加导线遮蔽罩或绝缘毯遮蔽。

（五）重合闸

本项目需停用线路重合闸。

（六）关键点

1. 在接触带电导线前应得到工作监护人的许可。

2. 在作业时，要注意带电导线与横担及邻相导线的安全距离。

3. 在搭接中相引线时，作业人员应位于中相与遮蔽相导线之间，并注意中相下引线与电杆不小于 0.4m 的安全距离。

4. 在作业时，严禁人体同时接触两个不同的电位。

5. 在三相引线搭接过程中，所有设备均视为有电。

（七）其他安全注意事项

1. 开工前由工作负责人持带电作业工作票与当值调度取得联系，工作负责人应核对工作票中工作任务与现场工作线路名称及杆号是否一致。

2. 绝缘斗臂车应可靠接地，在作业前应进行操作检查。

3. 当斗臂车绝缘斗距有电线路 1～2m 或工作转移时，应缓慢移动，动作要平稳，严禁使用快速挡；绝缘斗臂车在作业时，发动机不能熄火（电能驱动型除外），以保证液压系统处于工作状态。

4. 在操作绝缘斗移动时，应防止与电杆、导线、周围障碍物、邻近绝缘斗臂车碰擦。

5. 在同杆架设线路上工作与上层线路小于安全距离规定，且无法采取安全措施时不得进行该项工作。

6. 上、下传递工具、材料均应使用绝缘绳，严禁抛、扔。

7. 本项目工作不少于 3 人。

8. 使用只能下部操作的绝缘斗臂车应增加一名专门操作人员。

第九节　10kV 线路带电搭接出线电缆头引线
（绝缘斗臂车、绝缘手套作业法）

一、人员组合

工作负责人（兼工作监护人）1 人、斗内电工（1 号电工）1 人、地面电工（3 号电工）1 人、绝缘斗臂车操作工由 1 号电工兼任。

二、作业方法

绝缘斗臂车、绝缘手套作业法。

三、工具配备一览表（包括个人防护用具）

表 1–9　　　　　　　　　　作业工具配备一览表

分类	工器具或车辆	数量
特种车辆	绝缘斗臂车	1 辆

续表 1-9

分类	工器具或车辆	数量
个人绝缘防护用具	10kV 绝缘手套	1 副
	防护手套	1 副
	斗内安全带	2 副
绝缘遮蔽用具	导线遮蔽罩	3 套
	电缆头隔离罩	1 套
	绝缘挡板	1 块
绝缘工器具	绝缘操作棒	1 根
	绝缘绳（φ12mm×15m）	1 根
	消弧器（包括绝缘跨接线）	1 套
	绝缘操作杆	1 根
其他主要工器具	双钩线夹	1 套
	绝缘导线剥皮刀	1 把
	断线剪（短）	1 把
	电力楔形线夹安装枪	1 把
	2500V 及以上兆欧表或绝缘测试仪	1 套

四、作业步骤

（一）工具储运和检测

1. 领用绝缘工器具、安全用具及辅助器具，应核对工器具的使用电压等级和试验周期，同时检查外观，确保完好无损。

2. 工器具运输前，各种工器具应存放在工具袋或工具箱内，金属工具和绝缘工器具应分开装运，以防止相互碰擦造成外表损坏。

（二）现场操作前的准备

1. 工作负责人应按带电作业工作票内容与当值调度员联系，并应得到调度许可：该搭接的电缆的开关母刀、线刀在拉开位置，出线电缆符合送电要求，架空线路的开关重合闸停用。

2. 工作负责人核对线路名称、杆号。

3. 工作前工作负责人检查被搭接电缆是否符合送电条件。

4. 绝缘斗臂车进入合适位置，并可靠接地；根据道路情况设置安全围栏、警告标志或路障。

5. 工作负责人召集工作人员交代工作任务，对工作班成员进行危险点告知、交代安全措施和技术措施，确认每一个工作班成员都已知晓，检查工作班成员精神状态是否良好，人员是否合适。

6. 根据分工情况整理材料，对安全用具、绝缘工具进行检查，绝缘工具应使用兆

27

欧表或绝缘测试仪进行分段绝缘检测，绝缘电阻值不低于 700MΩ（在出库前如已测试过的可省去现场测试步骤）。

7. 查看绝缘臂、绝缘斗良好，调试斗臂车（在出车前如已调试过的可省去此步骤）。

8. 1 号电工戴好绝缘手套和防护手套，进入绝缘斗内，挂好保险钩。

（三）操作步骤

1. 1 号电工将绝缘斗调整至线路下方与电缆过渡支架平行处，并与有电线路保持 0.4m 以上安全距离，检查电缆登杆装置是否符合验收规范要求。

2. 用验电器判断电缆是否无电，然后对其进行放电，并用仪表测试电缆是否是开路状态。

3. 1 号电工将绝缘斗调整至内侧导线下，得到工作监护人许可后对内侧导线套好导线遮蔽罩，做好绝缘遮蔽措施，如是绝缘导线，应在搭头处将导线绝缘层皮剥除。

4. 1 号电工用绝缘操作杆测量三相引线长度，根据长度做好搭接的准备工作（绝缘导线引线需剥皮），并对三相电缆过渡支架做好绝缘遮蔽措施。

5. 1 号电工将绝缘斗调整到外侧导线下，展开外侧电缆引线，分别对导线、引线搭接处涂上电力脂，用刷子清除搭接处导线上的氧化层，直至符合接续要求。

6. 1 号电工检查消弧器上的消弧装置和小闸刀是否处于拉开位置，将消弧器挂在外侧导线上，并将跨接线与同相位电缆过渡支架上端接线端子连接牢固，检查无误，经工作监护人确认同意后，先将小闸刀合上，然后将消弧器放在合上位置。

7. 先将装有双钩线夹的短绝缘操作杆引线线头夹紧，然后手握绝缘操作杆将另一头钩在带电导线上，并拧紧（也可先将电力楔形线夹 C 形板挂在导线上，然后将引线钩住 C 形板下侧，用楔形线夹镍块嵌入 C 形板槽内楔紧），装好楔形线夹，用专用楔形线夹枪进行安装，并检查线夹安装符合要求后，拆除绝缘操作棒（如是绝缘导线应进行防水处理）。

8. 经工作监护人确认同意后，1 号电工将消弧器的消弧装置调整于拉开位置，然后再拉开小闸刀，将消弧器跨接线从电缆头上取下，并挂在消弧器上，最后将消弧器操作杆从导线上取下。

9. 其余二相引线搭接按步骤 3～步骤 6 的方法进行。

10. 三相引线搭接，可按由复杂到简单、先难后易的原则进行，先远（外侧）后近（内侧），或根据现场情况先中间、后两侧。

11. 搭头工作结束后，拆除导线遮蔽罩，绝缘斗退出有电工作区域，专业人员返回地面。

12. 工作负责人对完成的工作做一个全面的检查，符合验收规范要求后，记录在册并召开收工会进行工作点评后，宣布工作结束。

13. 工作完毕后，汇报当值调度工作已经结束，工作班撤离现场。

五、安全措施及注意事项

（一）气象条件

带电作业应在良好天气下进行。如遇雷电（听见雷声、看见闪电）、雪、雹、雨、雾等，不准进行带电作业。风力大于5级或湿度大于80%时，一般不宜进行带电作业。在特殊情况下，必须在恶劣天气进行带电抢修时，应组织有关人员充分讨论并采取必要的安全措施，经本单位分管生产领导（总工程师）批准后方可进行。

（二）作业环境

1. 作业现场和绝缘斗臂车两侧，应根据道路情况设置安全围栏、警告标志或路障，防止外人进入工作区域；如在车辆繁忙地段还应与交通管理部门取得联系，以求得配合。

2. 夜间作业进行带电搭接应有足够的照明。

（三）安全距离及有效绝缘长度

1. 作业用绝缘工具都应经过摇测，绝缘电阻应不低于700MΩ（电极间距2cm）。

2. 工作时绝缘斗臂车的绝缘有效长度应保持1m。

3. 在带电作业时，应保持对地不少于0.4m，对邻相导线不少于0.6m的安全距离；如不能确保该安全距离时，应采用绝缘挡板、绝缘管、绝缘布及其他绝缘遮蔽措施。

4. 绝缘手套仅作为辅助绝缘，不能作主绝缘使用。

（四）遮蔽措施

1. 本项目在搭接中相引线时，与边相导线安全距离不够，应对边相导线加导线遮蔽罩或遮蔽罩、绝缘毯；同时做好电缆过渡支架的绝缘遮蔽措施。

2. 作业线路下层有低压线路合杆时，如妨碍作业，应对相关低压线路加导线遮蔽罩或绝缘毯遮蔽。

（五）重合闸

本项目需停用线路重合闸。

（六）关键点

1. 工作前应得到调度许可，被搭接电缆的线路出线开关、母刀、线刀处于拉开位置，搭接电缆处于可送电状态，送架空线路的开关重合闸已停用。

2. 消弧器安装前应检查消弧装置和小闸刀是否处于拉开位置，消弧器挂上导线后，先将小闸刀合上，然后将消弧器放在合上位置；搭接完成后，先将消弧器的消弧装置调整于拉开位置，然后再拉开小闸刀，将消弧器跨接线从电缆头上取下，并挂在消弧器上，最后将消弧器操作杆从导线上取下。

3. 在搭接中相引线时，作业人员应位于中相与遮蔽相导线之间。

4. 在接触带电导线前应得到工作监护人的许可。

5. 在作业时，要注意带电导线与横担及邻相导线的安全距离。

6. 在作业时，严禁人体同时接触两个不同的电位。

7. 第一相搭头与带电导线连接后，其余引线（包括导线）应视为有电。

（七）其他安全注意事项

1. 开工前由工作负责人持带电作业工作票与当值调度取得联系，工作负责人应核对工作票中工作任务与现场工作线路名称及杆号是否一致。

2. 绝缘斗臂车应可靠接地，在作业前应进行操作检查。

3. 当斗臂车绝缘斗距有电线路 1～2m 或工作转移时，应缓慢移动，动作要平稳，严禁使用快速挡；绝缘斗臂车在作业时，发动机不能熄火（电能驱动型除外），以保证液压系统处于工作状态。

4. 在操作绝缘斗移动时，应防止与电杆、导线、周围障碍物、邻近绝缘斗臂车碰擦。

5. 在同杆架设线路上工作与上层线路小于安全距离规定且无法采取安全措施时不得进行该项工作。

6. 上、下传递工具、材料均应使用绝缘绳，严禁抛、扔。

7. 本项目工作不少于 3 人。

8. 使用只能下部操作的绝缘斗臂车应增加一名专门操作人员。

第十节　10kV 线路带电拆除出线电缆头引线
（绝缘斗臂车、绝缘手套作业法）

一、人员组合

工作负责人（兼工作监护人）1 人、斗内电工（1 号电工）1 人、地面电工（3 号电工）1 人、绝缘斗臂车操作工由 1 号电工兼任。

二、作业方法

绝缘斗臂车、绝缘手套作业法。

三、工具配备一览表（包括个人防护用具）

表 1－10　　　　　　　　　作业工具配备一览表

分类	工器具或车辆	数量
特种车辆	绝缘斗臂车	1 辆
个人绝缘防护用具	10kV 绝缘手套	1 副
	防护手套	1 副
	斗内安全带	2 副

续表 1−10

分类	工器具或车辆	数量
绝缘遮蔽用具	导线导线遮蔽罩	1 根
	电缆头隔离罩	1 套
	绝缘挡板	1 块
绝缘工器具	绝缘操作杆	1 根
	绝缘绳（φ12mm×15m）	1 根
	消弧器（包括绝缘跨接线）	1 套
	绝缘操作杆	1 根
其他主要工器具	绝缘导线剥皮刀	1 把
	断线剪（短）	1 把
	电力楔形线夹安装枪	1 把
	2500V 及以上兆欧表或绝缘测试仪	1 套

四、作业步骤

（一）工具储运和检测

1. 领用绝缘工器具、安全用具及辅助器具，应核对工器具的使用电压等级和试验周期，同时检查外观，确保完好无损。

2. 工器具运输前，各种工器具应存放在工具袋或工具箱内，金属工具和绝缘工器具应分开装运，以防止相互碰擦造成外表损坏。

（二）现场操作前的准备

1. 工作负责人应按带电作业工作票内容与当值调度员联系。

2. 工作负责人核对线路名称、杆号。

3. 工作前工作负责人检查该电缆的开关母刀、线刀是否在拉开位置，出线电缆是否符合送电要求，架空线路的重合闸是否停用。

4. 绝缘斗臂车进入合适位置，并可靠接地，根据道路情况设置安全围栏、警告标志或路障。

5. 工作负责人召集工作人员交代工作任务，对工作班成员进行危险点告知、交代安全措施和技术措施，确认每一个工作班成员都已知晓，检查工作班成员精神状态是否良好，人员是否合适。

6. 根据分工情况整理材料，对安全用具、绝缘工具进行检查，绝缘工具应使用兆欧表或绝缘测试仪进行分段绝缘检测，绝缘电阻值不低于 700MΩ（在出库前如已测试过的可省去现场测试步骤）。

7. 查看绝缘臂、绝缘斗是否良好，调试斗臂车（在出车前如已调试过的可省去此步骤）。

8. 1 号电工戴好绝缘手套和防护手套，进入绝缘斗内，挂好保险钩。

（三）操作步骤

1. 1号电工将绝缘斗调整至边相导线过渡支架外侧合适位置，在工作监护人的同意下，分别对三相电缆过渡支架做好绝缘遮蔽措施。

2. 1号电工用钳形电流表逐相测量三相出线电缆电流，每相电流应小于3A。

3. 1号电工将绝缘斗调整到内侧导线下，检查消弧器上的消弧装置和小闸刀是否处于拉开位置，将消弧器挂在内侧导线上，并将跨接线与同相位电缆过渡支架上端接线端子连接牢固，检查无误、经工作监护人确认同意后，先将小闸刀合上，然后将消弧装置放在合上位置。

4. 1号电工将绝缘斗调整至内侧过渡支架处，经工作监护人同意后，用绝缘柄扳手拆除过渡支架上引线桩头螺栓，并将拆开的引线移到同相位导线上固定好（如不需恢复，可采用开断引线的方式进行）。

5. 1号电工将绝缘斗调整至消弧器操作杆下面，拉动绝缘绳使消弧器处于拉开位置，随后用操作杆拉开消弧器小闸刀；将消弧器跨接线从电缆过渡支架上取下，挂在消弧器上，将消弧器操作杆从导线上取下（如是绝缘导线应进行防水处理）。

6. 1号电工将绝缘斗调整至内侧导线下，得到工作监护人许可后对内侧导线套好导线遮蔽罩，做好绝缘遮蔽措施。

7. 其余二相引线搭接按步骤3～步骤5的方法进行。

8. 三相引线拆除，可按由简单到复杂、先易后难的原则进行，先近（内侧）后远（外侧），或根据现场情况先两侧、后中间。

9. 拆头工作结束后，拆除导线遮蔽罩及绝缘隔离措施，绝缘斗退出有电工作区域，专业人员返回地面。

10. 工作负责人对完成的工作做一个全面的检查，符合验收规范要求后，记录在册并召开收工会进行工作点评后，宣布工作结束。

11. 工作完毕后，汇报当值调度工作已经结束，工作班撤离现场。

五、安全措施及注意事项

（一）气象条件

带电作业应在良好天气下进行。如遇雷电（听见雷声、看见闪电）、雪、雹、雨、雾等，不准进行带电作业。风力大于5级或湿度大于80%时，一般不宜进行带电作业。在特殊情况下，必须在恶劣天气进行带电抢修时，应组织有关人员充分讨论并采取必要的安全措施，经本单位分管生产领导（总工程师）批准后方可进行。

（二）作业环境

1. 作业现场和绝缘斗臂车两侧，应根据道路情况设置安全围栏、警告标志或路障，防止外人进入工作区域；如在车辆繁忙地段还应与交通管理部门取得联系，以求得配合。

2. 夜间作业进行带电搭接应有足够的照明。

（三）安全距离及有效绝缘长度

1. 作业用绝缘工具都应经过摇测，绝缘电阻应不低于700MΩ（电极间距2cm）。

2. 工作时绝缘斗臂车的绝缘有效长度应保持1m。

3. 在带电作业时，应保持对地不少于0.4m，对邻相导线不少于0.6m的安全距离；如不能确保该安全距离时，应采用绝缘挡板、管、布及其他绝缘遮蔽措施。

4. 绝缘手套仅作为辅助绝缘，不能作主绝缘使用。

（四）遮蔽措施

1. 本项目在拆除中相引线时，与边相导线安全距离不够，应对边相导线加导线遮蔽罩或遮蔽罩、绝缘毯。

2. 作业线路下层有低压线路合杆时，如妨碍作业，应对相关低压线路加导线遮蔽罩或绝缘毯遮蔽。

（五）重合闸

本项目需停用线路重合闸。

（六）关键点

1. 工作前应得到调度许可，被拆除电缆的线路出线开关、母刀、线刀处于拉开位置，被拆除电缆处于空载状态，送架空线路的开关重合闸已停用。

2. 消弧器安装前应检查消弧装置和小闸刀处于拉开位置，消弧器挂上导线后，先将小闸刀合上，然后将消弧器放在合上位置；引线拆除完成后，先将消弧器的消弧装置调整于拉开位置，然后再拉开小闸刀，将消弧器跨接线从电缆头上取下，并挂在消弧器上，最后将消弧器操作杆从导线上取下。

3. 在拆除中相引线时，作业人员应位于中相与遮蔽相导线之间。

4. 在接触带电导线前应得到工作监护人的许可。

5. 在作业时，要注意带电导线与横担及邻相导线的安全距离。

6. 在作业时，严禁人体同时接触两个不同的电位。

7. 应遵守带电作业有关断、接引搭头的有关规定，在电缆搭头拆开后未挂接地线前，已拆下的电缆引线均视为有电，严禁徒手触摸。

（七）其他安全注意事项

1. 开工前由工作负责人持带电作业工作票与当值调度取得联系，工作负责人应核对工作票中工作任务与现场工作线路名称及杆号是否一致。

2. 绝缘斗臂车应可靠接地，在作业前应进行操作检查。

3. 当斗臂车绝缘斗距有电线路1~2m或工作转移时，应缓慢移动，动作要平稳，严禁使用快速挡；绝缘斗臂车在作业时，发动机不能熄火（电能驱动型除外），以保证液压系统处于工作状态。

4. 在操作绝缘斗移动时，应防止与电杆、导线、周围障碍物、邻近绝缘斗臂车碰擦。

5. 在同杆架设线路上工作与上层线路小于安全距离规定且无法采取安全措施时不得进行该项工作。

6. 上、下传递工具、材料均应使用绝缘绳，严禁抛、扔。

7. 本项目工作不少于 3 人。

8. 使用只能下部操作的绝缘斗臂车应增加一名专门操作人员。

第十一节　10kV 绝缘线路带电加装验电接地环
（绝缘斗臂车、绝缘手套作业法）

一、人员组合

工作负责人（兼工作监护人）1 人、斗内电工（1 号电工）1 人、地面电工（3 号电工）1 人、绝缘斗臂车操作工由 1 号电工兼任。

二、作业方法

绝缘斗臂车、绝缘手套作业法。

三、工具配备一览表（包括个人防护用具）

表 1-11　　　　　　　　　　作业工具配备一览表

分类	工器具或车辆	数量
特种车辆	绝缘斗臂车	1 辆
个人绝缘 防护用具	10kV 绝缘手套	1 副
	防护手套	1 副
	斗内安全带	1 副
绝缘遮蔽用具	10kV 导线遮蔽罩	1 根
绝缘工器具	绝缘绳（φ12mm×15m）	1 根
其他主要工器具	2500V 及以上兆欧表或绝缘测试仪	1 套

四、作业步骤

（一）工具储运和检测

1. 领用绝缘工器具、安全用具及辅助器具，应核对工器具的使用电压等级和试验周期，同时检查外观，确保完好无损。

2. 工器具运输前，各种工器具应存放在工具袋或工具箱内，金属工具和绝缘工器具应分开装运，以防止相互碰擦造成外表损坏。

（二）现场操作前的准备

1. 工作负责人应按带电作业工作票内容与当值调度员联系。

2. 工作负责人核对线路名称、杆号。

3. 绝缘斗臂车进入合适位置，并可靠接地；根据道路情况设置安全围栏、警告标志或路障。

4. 工作负责人召集工作人员交代工作任务，对工作班成员进行危险点告知、交代安全措施和技术措施，确认每一个工作班成员都已知晓，检查工作班成员精神状态是否良好，人员是否合适。

5. 根据分工情况整理材料，对安全用具、绝缘工具进行检查，绝缘工具应使用2500V 兆欧绝缘表或绝缘测试仪进行分段绝缘检测，绝缘电阻值不低于 700MΩ（在出库前如已测试过的可省去现场测试步骤）。

6. 查看绝缘臂、绝缘斗是否良好，调试斗臂车（在出车前如已调试过的可省去此步骤）。

7. 1 号电工戴好绝缘手套和防护手套，进入绝缘斗内，挂好保险钩。

（三）操作步骤

1. 1 号电工将绝缘斗调整至内侧导线下，得到工作监护人许可后对内侧导线套好导线遮蔽罩，做好绝缘遮蔽措施。

2. 1 号电工将绝缘斗调整到导线外侧下，在工作监护人的许可下将验电接地环加装在 10kV 导线上。

3. 其余二相故障指示器加装按步骤 2 方法进行（应由外侧导线向内侧的顺序加装验电接地环）。

4. 工作结束后拆除绝缘隔离措施。

5. 1 号电工将绝缘斗退出有电工作区域，专业人员返回地面。

6. 工作负责人对完成的工作做一个全面的检查，符合验收规范要求后，记录在册并召开收工会进行工作点评后，宣布工作结束。

7. 工作完毕后，汇报当值调度工作已经结束，工作班撤离现场。

五、安全措施及注意事项

（一）气象条件

带电作业应在良好天气下进行。如遇雷电（听见雷声、看见闪电）、雪、雹、雨、雾等，不准进行带电作业。风力大于 5 级或湿度大于 80% 时，一般不宜进行带电作业。在特殊情况下，必须在恶劣天气进行带电抢修时，应组织有关人员充分讨论并采取必要的安全措施，经本单位分管生产领导（总工程师）批准后方可进行。

（二）作业环境

1. 作业现场和绝缘斗臂车两侧，应根据道路情况设置安全围栏、警告标志或路障，防止外人进入工作区域；如在车辆繁忙地段还应与交通管理部门取得联系，以求得配合。

2. 夜间作业进行本项目应有足够的照明。

（三）安全距离及有效绝缘长度

1. 作业用绝缘工具都应经过摇测，绝缘电阻应不低于 700MΩ（电极间距 2cm）。

2. 工作时绝缘斗臂车的绝缘有效长度应保持 1m。

3. 在带电作业时，应保持对地不少于 0.4m，对邻相导线不少于 0.6m 的安全距离；如不能确保该安全距离时，应采用绝缘挡板、绝缘管、绝缘布及其他绝缘遮蔽措施。

4. 绝缘手套仅作为辅助绝缘，不能作主绝缘使用。

（四）遮蔽措施

1. 本项目在加装中相验电接地环时，与边相导线安全距离不够，应对边相导线加导线遮蔽罩或遮蔽罩、绝缘毯。

2. 作业线路下层有低压线路合杆时，如妨碍作业，应对相关低压线路加导线遮蔽罩或用绝缘毯遮蔽。

3. 在加装中相验电接地环时，作业人员应位于中相与遮蔽相导线之间。

（五）重合闸

本项目一般不需停用线路重合闸。

（六）关键点

1. 在接触带电导线前应得到工作监护人的许可。

2. 在作业时，要注意与横担及邻相导线的安全距离。

3. 在作业时，严禁人体同时接触两个不同的电位。

（七）其他安全注意事项

1. 开工前由工作负责人持带电作业工作票与当值调度取得联系，工作负责人应核对工作票中工作任务与现场工作线路名称及杆号是否一致。

2. 绝缘斗臂车应可靠接地，在作业前应进行操作检查。

3. 当斗臂车绝缘斗距有电线路 1～2m 或工作转移时，应缓慢移动，动作要平稳，严禁使用快速挡；绝缘斗臂车在作业时，发动机不能熄火（电能驱动型除外），以保证液压系统处于工作状态。

4. 在操作绝缘斗移动时，应防止与电杆、导线、周围障碍物、邻近绝缘斗臂车碰擦。

5. 在同杆架设线路上工作与上层线路小于安全距离规定且无法采取安全措施时不得进行该项工作。

6. 上、下传递工具、材料均应使用绝缘绳，严禁抛、扔。

7. 本项目工作不少于 3 人。

8. 使用只能下部操作的绝缘斗臂车应增加一名专门操作人员。

第二章　输电线路带电作业操作方法

第一节　66kV 输电线路带电作业操作方法

一、直线绝缘子串

（一）66kV 输电线路带电更换悬垂整串绝缘子串

1. 作业方法：地电位结合滑轮组法。

2. 适用范围：适用于 66kV 悬垂绝缘子整串的更换工作。

3. 人员组合：本作业项目工作人员共计 6 名。其中工作负责人 1 名（监护人）、塔上电工 2 名、地面电工 3 名。

4. 工具配备一览表见表 2-1。

表 2-1　　　　　　　　　　工具配备一览表

序号		工具名称	规格、型号	数量	备注
1	绝缘工具	绝缘传递绳	φ140mm	1 根	视作业杆塔高度定
2		2-2 绝缘滑轮组	3T	1 套	配绝缘绳索
3		高强度绝缘绳	φ32mm	1 根	导线后备保护绳
4		绝缘操作杆	φ30×2.5m	1 根	
5		绝缘绳套	φ20mm	4 只	
6	金属工具	提线器	2T	1 套	分裂导线适用
7		取销器		1 套	★
8		分布电压或绝缘电阻检测仪		1 个	瓷质绝缘子用
9		碗头扶正器		1 套	★
10		滑车组横担固定绳套		1 个	
11	个人防护用具	绝缘安全带		3 根	备用一根
12		安全帽		6 顶	

续表 2-1

序号	工具名称		规格、型号	数量	备注
13	辅助安全用具	兆欧表	5kV	1块	电极宽2cm，极间距2cm
14		万用表		1块	测量屏蔽服用
15		防潮毡布	3m×3m	1块	
16		测湿风速仪	AVM07	1台	
17		脚扣		2副	砼杆时用
18		工具袋		2只	装绝缘工具用

注：采用火花间隙测零时每次检测前应用专用塞尺按 DL415 要求测量放电间隙尺寸。

5. 按照本次作业现场勘察后编写的现场作业指导

（1）工作负责人向电网调度员申请开工，内容为："本人为工作负责人×××，×年×月×日需在 66kV ××线路上更换绝缘子作业，本次作业申请停用线路重合闸装置，若遇线路跳闸，不经联系，不得强送。"得到调度许可，核对线路双重名称和杆号。

（2）全体工作成员列队，工作负责人现场宣读工作票，交代工作任务、安全措施和技术措施；查（问）看工作人员精神状况、着装情况和工器具是否完好齐全；交代危险点和预防措施，明确作业分工、安全措施及注意事项。

（3）工作人员用兆欧表检测绝缘工具的绝缘电阻，检查承力工具是否完好灵活，组装绝缘滑车组。

（4）塔上 1 号电工携带绝缘传递绳登塔至横担处，系、挂好安全带，将绝缘滑车和绝缘传递绳在横担作业适当位置安装好。塔上 2 号电工随后登塔。

（5）若是盘形瓷质绝缘子串，地面电工把分布电压（绝缘电阻）检测仪及绝缘操作杆组装好后用绝缘传递绳传递给塔上 2 号电工，2 号电工检测所要更换绝缘子串的零值绝缘子，扣除人体短接和零值（自爆）绝缘子后，良好绝缘子片数不得少于 3 片（结构高度 146mm）。

（6）塔上电工与地面电工相互配合，将绝缘 2-2 滑轮组固定在横担上，导线保护绝缘绳传递至工作位置。

（7）塔上 2 号电工在导线水平位置，系、挂好安全带，地面电工与塔上 1 号电工相互配合安装好绝缘 2-2 滑轮组和导线后备保护绳，导线后备保护绳的保护裕度（长度）应控制在合理长度。

（8）塔上 2 号电工用操作杆取出导线侧碗头弹簧销后，在工作负责人的指挥下，地面电工配合用绝缘承力工具提升导线，塔上 2 号电工用操作杆脱离绝缘子串与导线侧碗头的连接。

（9）在地面电工配合下将导线下落约 300mm，塔上 1 号电工在横担侧第二片绝缘子处系好绝缘传递绳，并取出横担侧绝缘子弹簧销。

（10）塔上 1 号电工与地面电工相互配合操作绝缘传递绳，将旧的绝缘子串放下，同时新绝缘子串跟随至工作位置，注意控制好空中上、下两串绝缘子串的位置，防止发生相互碰撞。

（11）塔上 1 号电工安装好新绝缘子横担侧弹簧销，地面电工提升导线配合塔上 2 号电工用操作杆安装好导线侧球头与碗头并恢复弹簧销。

（12）塔上电工检查绝缘子串弹簧销连接情况，并检查确保连接可靠。

（13）报经工作负责人同意后，塔上电工拆除绝缘 2-2 滑轮组及导线后备保护绳，依次传递至地面。

（14）塔上电工检查塔上无遗留工具后，汇报工作负责人，得到同意后背绝缘传递绳平稳下塔。

（15）地面电工整理所有工器具，工作负责人（监护人）清点工器具、清理现场。

（16）工作负责人向调度汇报。内容为：本人为工作负责人×××，66kV ××线路带电更换直线悬垂绝缘子串工作已结束，塔上人员已撤离，塔上、线上无遗留物，导线、绝缘子和金具等已恢复原状，可恢复线路重合闸装置。

6. 安全措施及注意事项

（1）若在海拔 1000m 以上地区的线路带电作业时，应根据作业区不同海拔高度，修正各类空气间隙、绝缘工具的安全距离和长度、绝缘子片数等，经本企业总工程师（主管生产领导）批准后执行。

（2）本次作业应经现场勘察并编制带电更换悬垂整串绝缘子的现场作业指导书，经本单位技术负责人或主管生产负责人批准后执行。

（3）作业应在良好天气下进行。如遇雷电（听见雷声、看见闪电）、雪雹、雨雾时不得进行带电作业。风力大于 5 级（10m/s）时，不宜进行作业。

（4）若需在相对空气湿度大于 80% 的天气下进行带电作业时，应采用具有防潮性能的绝缘工具。

（5）本作业需向调度明确的是若线路跳闸，不经联系不得强送电。

（6）杆塔上电工与带电体的安全距离不小于 0.7m。

（7）绝缘承力工具安全长度不小于 0.7m，绝缘操作杆的有效长度不小于 1.0m。

（8）对盘形瓷质绝缘子，作业前应采用检测装置带电检测绝缘子串，扣除人体短接和零值（自爆）绝缘子片数后，良好绝缘子片数不少于 3 片（结构高度 146mm）。

（9）绝缘承力工具受力后，须经检查确认安全可靠后方可脱离绝缘子串。本次作业必须加装导线后备保护绳。

（10）导线侧绝缘子串未摘开前，严禁塔上电工徒手无安全措施摘开横担侧绝缘子串连接，以防止电击伤人。

（11）地面绝缘工具应放置在防潮毡布上，作业人员均应戴清洁干燥手套，摇测绝缘电阻值不得小于 700MΩ（电极宽 2cm，极间距 2cm）。

（12）绝缘工器具使用前应用干净毛巾进行表面清洁处理，使用绝缘工具应戴清洁、干燥的手套，防止受潮和污染，收工或转移作业点，应将绝缘绳、软梯装在工具袋内。

（13）新复合绝缘子必须检查并按说明书安装好均压环，若是盘形绝缘子应用干净毛巾进行表面清洁处理，瓷质绝缘子应摇测绝缘电阻值不小于 $500M\Omega$。

（14）在杆塔上作业过程中如遇设备突然停电，作业人员应视设备仍然带电。

（15）塔上电工上杆塔前，应对登高工具和安全带进行检查和冲击试验，全体作业人员必须戴安全帽。

（16）上下杆塔或塔上移位时，作业人员必须攀抓牢固构件，且双手不得持带任何器材。

（17）杆塔上作业不得失去安全带保护。

（18）地面电工严禁在作业点垂直下方逗留，塔上电工应防止高空落物，使用的工具、材料应用绳索传递，不得乱扔。

（19）作业期间，工作监护人应对作业人员进行不间断监护，不得从事其他工作。

（二）66kV 输电线路带电更换悬垂双联绝缘子串

1. 作业方法：地电位与等电位结合滑轮组法。

2. 适用范围：适用于 66kV 输电线路悬垂双联任意串绝缘子更换。

3. 人员组合：本作业项目工作人员共计 6 名，其中工作负责人 1 名（监护人）、塔上电工 1 名、等电位电工 1 名、地面电工 3 名。

4. 工具配备一览表见表 2-2。

表 2-2　　　　　　　　　　　工具配备一览表

序号	工器具名称		规格、型号	数量	备注
1	绝缘工具	绝缘传递绳	$\phi14mm$	2 根	视作业杆塔高度定
2		高强度绝缘人身防坠绳	$\phi14mm$	1 根	视作业杆塔高度定
3		绝缘滑车	0.5T	2 个	
4		2-2 绝缘滑轮组	3T	1 套	配绝缘绳索
5		绝缘操作杆	$\phi30\times2.5m$	1 根	
6		绝缘软梯及软梯头		1 副	视作业杆塔高度定
7		分布电压或绝缘电阻检测仪		1 个	瓷质绝缘子用
8	个人防护用具	绝缘安全带		3 根	备用一根
9		屏蔽服		1 套	
10		导电鞋		1 双	
11		安全帽		6 顶	
12	辅助安全用具	防潮毡布	3m×3m	1 块	
13		万用表		1 块	检测屏蔽服连接是否良好
14		兆欧表	5kV	1 块	电极宽 2cm，极间距 2cm
15		工具袋		2 只	

注：采用火花间隙测零时，每次检测前应用专用塞尺按 DL415 要求测量间隙尺寸。

5. 按照本次作业现场勘察后编写的现场作业指导

（1）工作负责人向电网调度员申请开工，内容为："本人为工作负责人×××，×年×月×日需在66kV××线路上更换劣化绝缘子作业，本次作业需停用线路重合闸装置，若遇线路跳闸，不经联系，不得强送。"得到调度许可，核对线路双重名称和杆号。

（2）全体工作成员列队，工作负责人现场宣读工作票，交代工作任务、安全措施和技术措施；查（问）看工作人员精神状况、着装情况和工器具是否完好齐全。交代危险点和预防措施，明确作业分工、安全措施及注意事项。

（3）地面电工采用兆欧表检测绝缘工具的绝缘电阻，2-2绝缘滑轮组、软梯等工具是否完好齐全，屏蔽服不得有破损、金属纤维断丝等缺陷。

（4）塔上电工携带绝缘传递绳登塔至横担处，系、挂好安全带，将绝缘滑车和绝缘传递绳挂在作业横担适当位置安装好。

（5）若是盘形瓷质绝缘子串，地面电工将瓷瓶电压分布仪及绝缘操作杆组装好后用绝缘传递绳传递给塔上电工，塔上电工检测所要更换绝缘子串的分布电压（绝缘电阻）值，扣除人体短接和零值（自爆）绝缘子后，良好绝缘子片数不得少于3片（结构高度146mm）。

（6）塔上电工与地面电工相互配合，将绝缘软梯吊挂在导线（或横担头）上，并在地面冲击试验软梯后控制固定好，同时挂好绝缘高强度防坠落绳。

（7）等电位电工穿着全套屏蔽服、导电鞋，屏蔽服内不得穿着化纤类衣服。地面电工负责检查袜裤、裤衣、袖和手套的连接是否完好，用万用表测试袜、裤、衣、手套等导通情况。

（8）等电位电工系好防坠落绳，地面电工控制软梯尾部和防坠落保护绳，等电位电工攀登软梯至导线下方0.4m处左右，向工作负责人申请等电位，得到工作负责人同意后，快速抓住进入带电体，在导线上扣好安全带后才能解除防坠保护绳。

（9）塔上电工与地面电工相互配合，将2-2绝缘滑轮组等传递至工作位置。

（10）塔上电工与等电位电工相互配合将2-2绝缘滑车组安装好并钩住导线。

（11）塔上电工将绝缘传递绳拴在盘形绝缘子串横担下方的第2和第3片之间（复合绝缘子相同位置），地面电工控制这一端的尾绳，另一地面电工在地面将传递绳的另一端拴住新的绝缘子串相同的位置。

（12）地面电工收紧2-2绝缘滑车组使悬垂绝缘子串松弛。等电位电工手抓冲2-2绝缘滑轮组冲击检查无误并报经工作负责人同意后，拆除碗头处的弹簧销，将绝缘子串与碗头脱离。

（13）塔上电工在横担侧第二片绝缘子处挂好绝缘钩传递绳，拔除横担侧球头连接处的绝缘子弹簧销，地面电工收紧传递绳将更换绝缘子串提升，塔上电工摘开横担侧球头。

（14）地面电工相互配合操作两侧绝缘传递绳，将旧的绝缘子串放下，同时新绝缘子串跟随至工作位置，控制好空中上、下两串绝缘子的位置，防止发生相互碰撞。

（15）塔上电工和地面电工相互配合，恢复新绝缘子串横担侧球头挂环的连接，并安好弹簧销。

（16）等电位电工和塔上电工相互配合，收紧调整紧线丝杠，恢复绝缘子串导线侧的碗头挂板连接，并安好弹簧销。

（17）地面电工松开2-2绝缘滑轮组，使绝缘子串恢复完全受力状态，等电位电工和塔上电工检查并冲击新绝缘子串的安装受力情况。

（18）报经工作负责人同意后，塔上电工拆除2-2绝缘滑轮组等传至地面。

（19）等电位电工系好高强度防坠落绳后，解开安全带，沿软梯下退至人站直并手抓导线，向工作负责人申请脱离电位，许可后应快速脱离电位，地面电工控制好防坠落保护绳，等电位电工解开安全小带后沿绝缘软梯回落地面。

（20）塔上电工和地面电工相互配合，将绝缘软梯脱开导线并下传至地面。

（21）塔上电工检查确认塔上无遗留工具后，汇报工作负责人，得到同意后背绝缘传递绳平稳下塔。

（22）地面电工整理所用工器具，工作负责人（监护人）清点工器具。

（23）工作负责人向调度汇报，内容为：本人为工作负责人×××，66kV ××线路带电更换直线悬垂绝缘子串工作已结束，塔上人员已撤离，塔上、线上无遗留物，导线、绝缘子和金具等已恢复原状。

6. 安全措施及注意事项

（1）若在海拔1000m以上地区作业时，应根据作业区的实际海拔高度，计算修正各类空气间隙、绝缘工具的安全距离和长度、绝缘子片数等，经本企业总工程师（主管生产领导）批准后执行。

（2）本次作业应经现场勘察并编制带电更换悬垂整串绝缘子的现场作业指导书，经本单位技术负责人或主管生产负责人批准后执行。

（3）作业应在良好天气下进行。如遇雷电（听见雷声、看见闪电）、雪雹、雨雾时不得进行带电作业。风力大于5级（10m/s）时，不宜进行作业。

（4）若需在相对空气湿度大于80%的天气下进行带电作业时，应采用具有防潮性能的绝缘工具。

（5）本次作业不需停用线路重合闸装置，但工作前应向调度明确若线路跳闸，不经联系不得强送电的要求。

（6）杆塔上电工与带电体的安全距离不小于0.7m。作业中等电位电工头部不得超过2片绝缘子，等电位电工转移电位时人体裸露部分与带电体应保证大于0.3m。

（7）绝缘承力工具安全长度不小于0.7m，绝缘操作杆的有效长度不小于1.0m。

（8）对盘形瓷质绝缘子，作业前应采用电压分布（或绝缘电阻）检测仪带电检测绝缘子串，扣除人体短接和零值（自爆）绝缘子片数后，良好绝缘子片数不少于3片（结构高度146mm）。

（9）绝缘承力工具受力后，须经检查确认安全可靠后方可脱离绝缘子串。

（10）导线侧绝缘子串未摘开前，严禁塔上电工徒手无安全措施摘开横担侧绝缘子串连接，以防止电击伤人。

（11）地面绝缘工具应放置在绝缘垫上，作业人员均应戴清洁干燥手套，摇测绝缘电阻值不得小于700MΩ（电极宽2cm，极间距2cm）。

（12）等电位电工应穿戴全套合格的屏蔽服（包括帽、衣裤、手套、袜和导电鞋），且各部分连接良好。屏蔽服内不得穿着化纤类衣服。

（13）绝缘工器具使用前应用干净毛巾进行表面清洁处理，使用绝缘工具应戴清洁、干燥的手套，防止受潮和污染，收工或转移作业点，应将绝缘绳、软梯装在工具袋内。

（14）新复合绝缘子必须检查并按说明书安装好均压环，若是盘形绝缘子应用干净毛巾进行表面清洁处理，瓷质绝缘子应摇测绝缘电阻值不小于500MΩ。

（15）在杆塔上作业过程中如遇设备突然停电，作业人员应视设备仍然带电。

（16）塔上电工上杆塔前，应对脚扣、安全带、登高板等进行检查和冲击试验，全体作业人员必须戴安全帽。

（17）上下杆塔、塔上移动或转位时，作业人员必须双手攀抓牢固构件，且双手不得持带任何工器具，杆塔上作业不得失去安全带的保护。

（18）地面电工严禁在作业点垂直下方活动，塔上电工应防止高空落物，使用的工具、材料应用绳索传递，不得乱扔。

（19）作业期间，工作监护人应对作业人员进行不间断监护，不得从事其他工作。

二、金具及附件

（一）66kV输电线路带电更换导线悬垂线夹

1. 作业方法：地电位与等电位结合滑轮组法。

2. 适用范围：适用于更换66kV输电线路单联导线悬垂线夹。

3. 人员组合：本作业项目工作人员共计5名。其中工作负责人1名（监护人）、塔上电工1名、等电位电工1名、地面电工2名。

4. 工具配备一览表见表2-3。

表2-3　　　　　　　　　　　　工具配备一览表

序号	工具名称		规格、型号	数量	备注
1	绝缘工具	绝缘绳套	SCJS-22	1根	
2		绝缘滑轮组	2T	1付	
3		高强度绝缘保护绳	φ30mm	1根	导线后备保护绳
4		测零杆	66kV	1根	
5		绝缘软梯	66kV	1套	长度视导线高而定
6		绝缘绳	SCJS-4	1根	
7		绝缘绳	SCJS-10	1根	人身二防
8		绝缘传递绳	SCJS-14	1套	长度视塔高而定

续表 2 – 3

序号	工具名称		规格、型号	数量	备注
9	金属工具	分布电压或绝缘电阻检测仪		1 套	瓷质绝缘子用
10		安全带		2 套	
11	个人防护用具	安全帽		5 顶	
12		屏蔽服		1 套	
13		导电鞋		1 双	
14	辅助安全用具	兆欧表（或绝缘工具测试仪）	5kV	1 块	电极宽 2cm，极间距 2cm
15		防潮毡布	3m×3m	1 块	
16		万用表		1 块	
17		测温风速仪	AVM07	1 台	

注：采用火花间隙测零时，每次检测前应用专用塞尺按 DL415 要求测量放电间隙尺寸。

5. 按照本次作业现场勘察后编写的现场作业指导

（1）工作前工作负责人向调度申请。内容为："本人为工作负责人×××，×年×月×日需在 66kV ××线路上带电更换导线悬垂线夹，申请停用线路重合闸装置，若遇线路跳闸，不经联系，不得强送。"得到调度许可后，核对线路双重名称和杆号。

（2）全体工作成员列队，工作负责人现场宣读工作票、交代工作任务、安全措施和技术措施；查（问）看工作人员精神状况、着装情况和工器具是否完好齐全。交代危险点和预防措施，明确作业分工、安全措施及注意事项。

（3）地面电工采用兆欧表检测绝缘工具的绝缘电阻，检查承力工具是否完好灵活，屏蔽服不得有破损、金属纤维断丝等缺陷。

（4）塔上电工带传递绳登塔至横担合适位置，系、挂好安全带，将绝缘滑车挂在合适位置。

（5）若是盘形瓷质绝缘子串，地面电工将绝缘子零值检测仪及绝缘操作杆组装好后用绝缘传递绳传递给塔上电工，塔上电工检测所要更换线夹相绝缘子串的零值绝缘子，扣除人体短接和零值（自爆）绝缘子后，良好绝缘子片数不得少于 5 片。

（6）地面电工用 SCJS – 4mm 绝缘绳抛过导线，使带有跟头滑车的绝缘传递绳（SCJS – 10mm）挂在导线上，利用绝缘传递绳挂好软梯（也可采用塔上电工利用操作杆将滑车直接挂在导线上）。

（7）等电位电工穿着全套屏蔽服、导电鞋，屏蔽服内不得穿着化纤类衣服。地面电工负责检查袜裤、裤衣、袖和手套的连接是否完好，用万用表测试袜对手套的连接导通情况。

（8）等电位电工系好防坠保护绳，地面电工控制软梯尾部和防坠保护绳，等电位电工攀登软梯至导线下方 0.6m 处左右，向工作负责人申请等电位，得到工作负责人同意后，迅速进入强电场，在导线上系好安全带后，才能解除防坠保护绳。

（9）塔上电工与地面电工配合传递上绝缘滑轮组及导线保护绳，并将其固定好。

（10）地面电工收紧绝缘滑轮组提升导线，使绝缘子串松弛，等电位电工更换导线悬垂线夹。

（11）更换完毕后等电位电工准备退出强电场。

（12）等电位电工系好防坠保护绳后，解除安全带，地面电工控制好防坠保护绳和软梯，等电位电工沿软梯下退至人站直并手抓导线，向工作负责人申请脱离强电场，许可后快速脱离，平稳下软梯至地面。

（13）塔上电工拆除工具及保护措施，检查塔上无遗留工具后，汇报工作负责人，得到同意后背绝缘传递绳平稳下塔。

（14）地面电工整理所有工器具，工作负责人（监护人）清点工器具、清理现场。

（15）工作负责人向调度汇报。内容为：本人为工作负责人×××，66kV ××线路带电更换悬垂线夹工作已结束，人员已撤离，塔上、导线上无遗留物，导线、绝缘子和金具等已恢复原状，可恢复线路重合闸装置。

6. 安全措施及注意事项

（1）若在海拔 1000m 以上地区的线路带电作业时，应根据作业区不同海拔高度，修正各类空气间隙、绝缘工具的安全距离和长度、绝缘子片数等，经本企业总工程师（主管生产领导）批准后执行。

（2）本次作业应经现场勘察并编制带电更换悬垂线夹的现场作业指导书，经本单位技术负责人或主管生产负责人批准后执行。

（3）作业应在良好天气下进行。如遇雷电（听见雷声、看见闪电）、雪雹、雨雾时不得进行带电作业。风力大于 5 级（10m/s）时，不宜进行作业。

（4）若需在相对空气湿度大于 80% 的天气下进行带电作业时，应采用具有防潮性能的绝缘工具。

（5）本次作业需申请停用线路重合闸装置，同时向调度明确若线路跳闸，不经联系不得强送电的要求。

（6）杆塔上电工与带电体的安全距离不小于 1m。

（7）绝缘承力工具安全长度不小于 1m，绝缘操作杆的有效长度不小于 1.3m。

（8）对盘形瓷质绝缘子，作业前应采用电压分布（或绝缘电阻）检测仪带电检测绝缘子串，扣除人体短接和零值（自爆）绝缘子片数后，良好绝缘子片数不少于 3 片（结构高度 146mm）。

（9）绝缘承力工具受力后，须经检查确认安全可靠后方可脱离绝缘子串。本次作业必须加装导线后备保护绳。

（10）地面绝缘工具应放置在绝缘垫上，作业人员均应戴清洁干燥手套，摇测绝缘电阻值不得小于 700MΩ（电极宽 2cm，极间距 2cm）。

（11）等电位电工应穿戴全套的屏蔽服（包括帽、衣裤、手套、袜和鞋），且各部分连接良好，用万用表测量袜、手套间连接导通情况，屏蔽服内不得穿着化纤类衣服。塔上电工应穿导电鞋。

（12）绝缘工器具使用前应用干净毛巾进行表面清洁处理，使用绝缘工具应戴清洁、干燥的手套，防止受潮和污染，收工或转移作业点，应将绝缘绳、软梯装在工具袋内。

（13）在杆塔上作业过程中如遇设备突然停电，作业人员应视设备仍然带电。

（14）塔上电工上杆塔前，应对脚扣、安全带、登高板等进行检查和冲击试验，全体作业人员必须戴安全帽。

（15）上下杆塔、塔上移动或转位时，作业人员必须双手攀抓牢固构件，且双手不得持带任何工器具，杆塔上作业不得失去安全带的保护。

（16）地面电工严禁在作业点垂直下方活动，塔上电工应防止高空落物，使用的工具、材料应用绳索传递，不得乱扔。

（17）进入强电场前应检查组合间隙是否满足要求。

（18）所列承力工器具受力按双 300 导线、垂直挡 600m 为临界值考虑，导线型号或垂直挡距超出临界值时应另行校核选择。

（19）作业期间，工作监护人应对作业人员进行不间断监护，不得从事其他工作。

（二）66kV 输电线路带电更换导线防振锤

1. 作业方法：等电位结合软梯法。

2. 适用范围：适用于 66kV 输电线路更换导线防振锤。

3. 人员组合：本作业项目工作人员共计 4 名。其中工作负责人 1 名（监护人）、等电位电工 1 名、地面电工 2 名。

4. 工具配备一览表见表 2－4。

表 2－4　　　　　　　　　工具配备一览表

序号	工具名称		规格、型号	数量	备注
1	绝缘工具	绝缘操作杆（挑杆）		1 套	
2		绝缘绳	SCJS－4	1 根	
3		绝缘绳	SCJS－10	1 根	人身二防用
4		绝缘软梯	66kV	1 套	长度视导线高而定
5		绝缘传递绳	SCJS－14	1 套	长度视塔高而定
6	个人防护用具	安全带（带二防）		1 套	
7		安全帽		4 顶	
8		屏蔽服		1 套	
9		导电鞋		1 双	
10	辅助安全用具	兆欧表（或绝缘工具测试仪）	5kV	1 块	电极宽2cm，极间距2cm
11		防潮毡布	3m×3m	1 块	
12		万用表		1 块	
13		测温风速仪	AVM07	1 台	

5. 按照本次作业现场勘察后编写的现场作业指导

（1）工作前工作负责人向调度申请。内容为："本人为工作负责人×××，×年×月×日需在 66kV ××线路上带电更换导线防振锤，本次作业不需停用线路重合闸装置，若遇线路跳闸，不经联系，不得强送。"得到调度许可后，核对线路双重名称和杆号。

（2）全体工作成员列队，工作负责人现场宣读工作票，交代工作任务、安全措施和技术措施；查（问）看工作人员精神状况、着装情况和工器具是否完好齐全。交代危险点和预防措施，明确作业分工、安全措施及注意事项。

（3）地面电工采用兆欧表检测绝缘工具的绝缘电阻，检查工器具是否齐全完好，屏蔽服不得有破损、金属纤维断丝等缺陷。

（4）地面电工用 SCJS-4mm 绝缘绳抛过导线，使带有跟头滑车的绝缘传递绳（SCJS-10mm）挂在防振锤外侧导线上。

（5）用 SCJS-10mm 的绝缘传递绳将带有支架的软梯挂在导线上。

（6）等电位电工穿着全套屏蔽服、导电鞋，屏蔽服内不得穿着化纤类衣服。系好防坠后备保护绳，地面电工负责检查袜裤、裤衣、袖和手套的连接是否完好，用万用表测试袜对手套的连接导通情况。

（7）地面电工控制软梯尾部和防坠后备保护绳，等电位电工攀登软梯至导线下方0.4m 处左右，向工作负责人申请等电位，得到工作负责人同意后，迅速进入强电场，在导线上系好安全带后，才能解除防坠后备保护绳。等电位电工更换防振锤。

（8）更换完毕后，地面电工控制好防坠后备保护绳，等电位电工先系好防坠后备保护绳后，解开安全带，沿软梯下退至人站直并手抓导线位置，向工作负责人申请脱离强电场，许可后快速脱离电位，平稳下软梯至地面。

（9）地面电工拆除软梯及滑车，整理所有工器具，工作负责人（监护人）清点工器具、清理现场。

（10）工作负责人向调度汇报。内容为：本人为工作负责人×××，66kV ××线路带电更换导线防振锤工作已结束，人员已撤离，塔上、导线上无遗留物，导线、金具等已恢复原状。

6. 安全措施及注意事项

（1）若在海拔 1000m 以上地区的线路带电作业时，应根据作业区不同海拔高度，修正各类空气间隙、绝缘工具的安全距离和长度、绝缘子片数等，经本企业总工程师（主管生产领导）批准后执行。

（2）本次作业应经现场勘察并编制带电更换防振锤的现场作业指导书，经本单位技术负责人或主管生产负责人批准后执行。

（3）作业应在良好天气下进行。如遇雷电（听见雷声、看见闪电）、雪雹、雨雾时不得进行带电作业。风力大于 5 级（10m/s）时，不宜进行作业。

（4）若需在相对空气湿度大于 80% 的天气下进行带电作业时，应采用具有防潮性能的绝缘工具。

（5）本次作业需申请停用线路重合闸装置，工作前向调度联系明确线路重合闸位置，重合闸停用后，不经联系不得强送电的要求。

（6）地面绝缘工具应放置在绝缘垫上，作业人员均应戴清洁干燥手套，摇测绝缘电阻值不得小于 700MΩ（电极宽 2cm，极间距 2cm）。

（7）等电位电工应穿戴全套的屏蔽服（包括帽、衣裤、手套、袜和鞋），且各部分连接良好，用万用表测量袜、手套间连接导通情况，屏蔽服内不得穿着化纤类衣服。

（8）绝缘工器具使用前应用干净毛巾进行表面清洁处理，使用绝缘工具应戴清洁、干燥的手套，防止受潮和污染，收工或转移作业点，应将绝缘绳、软梯装在工具袋内。

（9）在作业过程中如遇设备突然停电，作业人员应视设备仍然带电。

（10）地面电工严禁在作业点垂直下方活动，塔上电工应防止高空落物，使用的工具、材料应用绳索传递，不得乱扔。

（11）塔上电工上杆塔前，应对脚扣、安全带、登高板等进行检查和冲击试验，全体作业人员必须戴安全帽。

（12）上下杆塔、塔上移动或转位时，作业人员必须双手攀抓牢固构件，且双手不得持带任何工器具，杆塔上作业不得失去安全带的保护。

（13）作业期间，工作监护人应对作业人员进行不间断监护，不得从事其他工作。

三、导、地线

（一）66kV 输电线路带电修补导线（软梯法）

1. 作业方法：等电位结合软梯法。

2. 适用范围：适用于修补 66kV 线路导线断股。

3. 人员组合：本作业项目工作人员共计 5 名。其中工作负责人 1 名（监护人）、等电位电工 1 名、地面电工 3 名。

4. 工具配备一览表见表 2-5。

表 2-5　　　　　　　　　　工具配备一览表

序号	工具名称		规格、型号	数量	备注
1	绝缘工具	绝缘操作杆（挑杆）		1 套	
2		绝缘绳	SCJS-4	1 根	
3		绝缘绳	SCJS-10	1 根	人身二防用
4		绝缘软梯	110kV	1 套	
5		绝缘传递绳	SCJS-14	1 套	长度视塔高而定
6	个人防护用品	安全带（带二防）		1 套	
7		安全帽		5 顶	
8		屏蔽服		1 套	
9		导电鞋		1 双	
10	辅助安全用具	兆欧表（或绝缘工具测试仪）	5kV	1 块	电极宽 2cm，极间距 2cm
11		防潮毡布	3m*3m	1 块	
12		万用表		1 块	
13		测温风速仪	AVM07	1 台	

5. 按照本次作业现场勘察后编写的现场作业指导

（1）工作前工作负责人向调度申请。内容为："本人为工作负责人×××，×年×月×日需在 66kV ××线路上带电修补导线，本次作业不需停用线路重合闸装置，若遇线路跳闸,不经联系,不得强送。"得到调度许可后,核对线路双重名称和杆号。

(2)全体工作成员列队,工作负责人现场宣读工作票,交代工作任务、安全措施和技术措施;查(问)看工作人员精神状况、着装情况和工器具是否完好齐全。交代危险点和预防措施,明确作业分工、安全措施及注意事项。

(3)工作人员在地面用兆欧表检测绝缘工具的绝缘电阻,检查承力工具是否完好灵活,屏蔽服不得有破损、金属纤维断丝等缺陷。

(4)地面电工用 SCJS–4mm 绝缘绳抛过导线,使带有跟头滑车的绝缘传递绳(SCJS–10mm)挂在导线上。

(5)用 SCJS–10mm 的绝缘传递绳将带有支架的软梯挂在导线上。

(6)等电位电工穿着全套屏蔽服、导电鞋,系好后备保护绳,地面电工负责检查袜裤、裤衣、袖和手套的连接是否完好,用兆欧表测试袜对手套的电阻值。

(7)地面电工控制软梯尾部和后备保护绳,等电位电工攀登软梯至导线下方 0.6m 处左右,向工作负责人申请进入强电场,得到工作负责人同意后,迅速进入强电场,在导线上系好安全带后,才能解除防坠后备保护绳。

(8)若导线在同一处损伤的程度使导线强度损失部分超过总拉断力的 5% 且截面积损伤部分不超过总导电部分截面积的 7%,用缠绕或补修预绞丝修补;若导线损伤面积为总面积的 25%~60% 时应采用 C 型补修材料(预绞式接续条、加长型补修管)补修;若导线在同一处损伤的程度使导线强度损失部分超过总拉断力的 5% 但不足 17%,且截面积损伤部分不超过总导电部分截面积的 25%,用补修管修补。

(9)缠绕修补时应将受伤处线股处理平整;缠绕材料应为铝单丝,缠绕应紧密,回头应绞紧,处理平整,其中心应位于损伤最严重处,并应将受伤部分全部覆盖,其长度不得小于 100mm。

(10)采用预绞丝修补应将受伤处线股处理平整;补修预绞丝长度不得小于 3 个节距,其中心应位于损伤最严重处并将其全部覆盖。

(11)采用补修管修补应将损伤处的线股先恢复原绞制状态,线股处理平整,补修管的中心应位于损伤最严重处,补修的范围应位于管内各 20mm。

(12)地面电工配合等电位电工将清洗好的补修管、装配好压模和机动液压泵的压钳吊至损伤导线处,等电位电工将导线连同补修管放入压接钳内,逐一对模压接。

(13)压接完成后,等电位电工用游标卡尺检验确认六边形的三个对边距符合下列标准:在同一模的六边形中,只允许其中有一个对边距达到公式 $S = 0.866 \times 0.993D + 0.2$(mm)的最大计算值。测量超过应查明原因,另行处理。最后铲除补修管的飞边毛刺,完成修补工作。

(14)修补完毕后,地面电工控制好后备保护绳,等电位电工先系好防坠后备保护绳后,解开安全腰带,沿软梯下退至人站直并手抓导线,向工作负责人申请脱离强电场,许可后迅速脱离强电场,平稳下软梯至地面。。

(15)地面电工拆除工具及保护措施,整理所有工器具,工作负责人(监护人)清点工器具、清理现场。

（16）工作负责人向调度汇报。内容为：本人为工作负责人×××，66kV 线路带电修补导线工作已结束，人员已撤离，塔上、导线上无遗留物，导线等已恢复原样。

6. 安全措施及注意事项

（1）若在海拔 1000m 以上地区的线路带电作业时，应根据作业区不同海拔高度，修正各类空气间隙、绝缘工具的安全距离和长度等，经本企业总工程师（主管生产领导）批准后执行。

（2）本次作业应经现场勘察并编制带电修补导线的现场作业指导书，经本单位技术负责人或主管生产负责人批准后执行。

（3）作业应在良好天气下进行。如遇雷电（听见雷声、看见闪电）、雪雹、雨雾时不得进行带电作业。风力大于 5 级（10m/s）时，不宜进行作业。

（4）若需在相对空气湿度大于 80% 的天气下进行带电作业时，应采用具有防潮性能的绝缘工具。

（5）本次作业不需申请停用线路重合闸装置，但工作前应向调度明确若线路跳闸，不经联系不得强送电的要求。

（6）地面绝缘工具应放置在绝缘垫上，作业人员均应戴清洁干燥手套，摇测绝缘电阻值不得小于 700MΩ（电极宽 2cm，极间距 2cm）。

（7）等电位电工应穿戴全套的屏蔽服（包括帽、衣裤、手套、袜和鞋），且各部分连接良好，用万用表测量最远两点电阻不大于 20Ω，屏蔽服内不得穿着化纤类衣服。

（8）绝缘工器具使用前应用干净毛巾进行表面清洁处理，使用绝缘工具应戴清洁、干燥的手套，防止受潮和污染，收工或转移作业点，应将绝缘绳、软梯装在工具袋内。

（9）在作业过程中如遇设备突然停电，作业人员应视设备仍然带电。

（10）地面电工严禁在作业点垂直下方活动，塔上电工应防止高空落物，使用的工具、材料应用绳索传递，不得乱扔。

（11）保证等电位作业人员及材料对相邻导线的最小距离大于 1.2m。

（12）导线损伤后能否悬挂软梯应根据损伤情况及钢芯型号进行验算。

（13）塔上电工上杆塔前，应对安全带等登高工具进行检查和冲击试验，全体作业人员必须戴安全帽。

（14）上下杆塔、塔上移动或转位时，作业人员必须双手攀抓牢固构件，且双手不得持带任何工器具，杆塔上作业不得失去安全带的保护。

（15）作业期间，工作监护人应对作业人员进行不间断监护，不得从事其他工作。

（二）66kV 输电线路带电修补导线（硬梯法）

1. 作业方法：等电位结合绝缘硬梯法。

2. 适用范围：适用于修补 66kV 线路导线断股（不易挂设软梯时）。

3. 人员组合：本作业项目工作人员共计 8 名。其中工作负责人 1 名（监护人）、等电位电工 1 名、地面电工 6 名。

4. 工具配备一览表见表 2-6。

表 2 - 6 工具配备一览表

序号	工具名称		规格、型号	数量	备注
1	绝缘工具	绝缘操作杆（挑杆）		1 套	
2		绝缘绳	SCJS - 4	1 根	
3		绝缘绳	SCJS - 10	1 根	
4		绝缘硬梯	66kV	1 组	
5		绝缘绳	SCJS - 14	若干	临时拉线用
6		绝缘传递绳	SCJS - 14	1 套	长度视塔高而定
7	金属工具	地锚		若干	
8	个人防护用品	安全带（带二防）		1 套	
9		安全帽		8 顶	
10		屏蔽服		1 套	
11		导电鞋		1 双	
12	辅助安全用具	兆欧表（或绝缘工具测试仪）	5kV	1 块	电极宽2cm，极间距2cm
13		防潮毡布	3m×3m	1 块	
14		万用表		1 块	
15		测温风速仪	AVM07	1 台	

5. 按照本次作业现场勘察后编写的现场作业指导

（1）工作前工作负责人向调度申请。内容为："本人为工作负责人×××，×年×月×日需在66kV ××线路上带电修补导线，本次作业不需停用线路重合闸装置，若遇线路跳闸，不经联系，不得强送。"得到调度许可后，核对线路双重名称和杆号。

（2）全体工作成员列队，工作负责人现场宣读工作票，交代工作任务、安全措施和技术措施；查（问）看工作人员精神状况、着装情况和工器具是否完好齐全。交代危险点和预防措施，明确作业分工、安全措施及注意事项。

（3）工作人员在地面用兆欧表检测绝缘工具的绝缘电阻，检查承力工具是否完好灵活，屏蔽服不得有破损、金属纤维断丝等缺陷。

（4）组装绝缘硬梯。在硬梯高度不够时，可将绝缘梯子下端绑扎立于其他升降设备上，如抱杆、液压升降架等。但应注意其他升降设备的高度应低于导线1.5～2m。

（5）当底梯采用抱杆时各段系一层四面临时拉线，不论底梯用什么设备，绝缘硬梯段，每4～5m系一层四面临时拉线。

（6）地面电工在导线断股处顺线路起立组合绝缘硬梯，并将四面临时拉线调整，固定在地锚上。

（7）等电位电工穿着全套屏蔽服、导电鞋，地面电工负责检查袜裤、裤衣、袖和手套的连接是否完好，用兆欧表测试袜对手套的电阻值。

（8）地面电工监控好各临时拉线，等电位电工攀登梯至导线下方0.4m处左右，向工作负责人申请进入强电场，得到工作负责人许可后，迅速进入强电场，并在导线上系好安全带。

（9）等电位电工打磨导线，检查导线。损伤面积不超过总截面7%时，采用预绞丝或铝线补修。当导线损伤面积为总面积的7%～25%时，应采用修补管或预绞丝补修。

（10）采用预绞丝或铝线补修时应顺原捻线方向缠绕补修。

（11）修补完毕后，等电位电工解开安全腰带，沿硬梯下退至人站直并手抓导线，向工作负责人申请脱离电位，许可后快速脱离电位，平稳下梯至地面。

（12）拆除工具及保护措施，地面电工整理所有工器具，工作负责人（监护人）清点工器具、清理现场。

（13）工作负责人向调度汇报。内容为：本人为工作负责人×××，66kV××线路带电修补导线工作已结束，人员已撤离，导线上无遗留物，导线等已恢复原样。

6. 安全措施及注意事项

（1）若在海拔1000m以上地区的线路带电作业时，应根据作业区不同海拔高度，修正各类空气间隙、绝缘工具的安全距离和长度等，经本企业总工程师（主管生产领导）批准后执行。

（2）本次作业应经现场勘察并编制带电修补导线的现场作业指导书，经本单位技术负责人或主管生产负责人批准后执行。

（3）作业应在良好天气下进行。如遇雷电（听见雷声、看见闪电）、雪雹、雨雾时不得进行带电作业。风力大于5级（10m/s）时，不宜进行作业。

（4）若需在相对空气湿度大于80%的天气下进行带电作业时，应采用具有防潮性能的绝缘工具。

（5）本次作业需申请停用线路重合闸装置，工作前应向调度联系，明确停用线路重合闸位置，但不经联系不得强送电的要求。

（6）地面绝缘工具应放置在绝缘垫上，作业人员均应戴清洁干燥手套，摇测绝缘电阻值不得小于700MΩ（电极宽2cm，极间距2cm）。

（7）等电位电工应穿戴全套的屏蔽服（包括帽、衣裤、手套、袜和鞋），且各部分连接良好，用万用表测量最远两点电阻不大于20Ω，屏蔽服内不得穿着化纤类衣服。

（8）绝缘工器具使用前应用干净毛巾进行表面清洁处理，使用绝缘工具应戴清洁、干燥的手套，防止受潮和污染，收工或转移作业点，应将绝缘绳、软梯装在工具袋内。

（9）在作业过程中如遇设备突然停电，作业人员应视设备仍然带电。

（10）地面电工严禁在作业点垂直下方活动，塔上电工应防止高空落物，使用的工具、材料应用绳索传递，不得乱扔。

（11）保证等电位作业人员及材料对相邻导线的最小距离大于1.2m。

（12）进入强电场前应检查组合间隙是否满足要求。

（13）起立硬梯时底部应严格控制牢固，除立梯电工外，其他人员应在梯高1.2倍以外处工作。梯子临时拉线未固定牢靠时，严禁登梯作业。

（14）等电位电工上梯前，应对安全带等进行检查和冲击试验，全体作业人员必须戴安全帽。

（15）上下硬梯或梯上转位时，作业人员必须双手攀抓，且双手不得持带任何工器具，硬梯上作业不得失去安全带的保护。

（16）作业期间，工作监护人应对作业人员进行不间断监护，不得从事其他工作。

四、检　测

（一）66kV 输电线路带电检测零值瓷绝缘子

1. 作业方法：地电位作业法零值检测。

2. 适用范围：适用于 66kV 输电线路瓷质绝缘子的零值检测工作。

3. 人员组合：本作业项目工作人员共计 3 人。其中工作负责人（监护人）1 人，塔上电工 1 人，地面电工 1 人。

4. 工具配备一览表见表 2 - 7。

表 2 - 7　　　　　　　　　　工具配备一览表

序号	工具名称		规格、型号	数量	备注
1	绝缘工具	绝缘测零杆	φ30 ＊ 2500	1 根	
2		绝缘滑车	0.5T	1 个	
3		绝缘传递绳	SCJS - 10	1 根	视作业杆塔高度定
4	个人防护工具	安全带（带二防）		1 套	备用一套
5		安全帽		3 顶	
6	辅助安全工具	兆欧表（或绝缘工具测试仪）	5kV	1 块	电极宽 2cm，极间距 2cm
7		防潮毡布（苫布）	3m×3m	1 块	
8		塞尺		一把	检测火花间隙用
9		测湿风速仪	AVM07	1 台	
10		脚扣		1 付	砼杆用

注：采用火花间隙测零时，每次检测前应用专用塞尺按 DL415 要求测量间隙尺寸。

5. 按照本次作业现场勘察后编写的现场作业指导

（1）工作前工作负责人向调度申请。内容为："本人为工作负责人×××，需在 66kV ××线路上带电检测零值瓷绝缘子，本次作业不需停用线路重合闸装置，若遇线路跳闸，不经联系，不得强送。得到调度许可后，核对线路双重名称和杆号。

（2）全体工作成员列队，工作负责人现场宣读工作票，交代工作任务、安全措施和技术措施；查作业人员精神状况、着装情况和工器具是否完好齐全。交代危险点和预防措施，明确作业分工、安全措施及注意事项。

（3）工作人员在地面用兆欧表检测绝缘工具的绝缘电阻、用塞尺检查火花间隙的间距是否符合要求。

（4）塔上电工携带绝缘传递绳登塔至横担处，系好安全带，将绝缘滑车及绝缘传递绳悬挂在适当的位置。

（5）地面电工将绝缘子零值检测仪与绝缘操作杆组装好后，用绝缘传递绳传递给塔上电工。

（6）塔上电工从导线侧第一片绝缘子开始，按顺序逐片向横担侧测量，并将不良

绝缘子报告地面工作负责人，地面电工做好记录。

（7）按相同的方法进行其他两相绝缘子检测。

（8）三相绝缘子检测完毕，塔上电工与地面电工配合，将绝缘子零值检测仪及绝缘操作杆传递至地面。

（9）塔上电工检查确认塔上无遗留工具后，汇报工作负责人，得到同意后背系绝缘传递绳平稳下塔。

（10）地面电工整理所用工器具，工作负责人（监护人）清点工器具。

（11）工作负责人向调度汇报。内容为：本人为工作负责人×××，66kV ××线路带电检测零值瓷绝缘子工作已结束，人员已撤离，塔上、导地线上无遗留物，线路设备仍为原样。

6. 安全措施及注意事项

（1）若在海拔1000m以上地区的线路带电作业时，应根据作业区不同海拔高度，修正各类空气间隙、绝缘工具的安全距离和长度、绝缘子片数等，经本企业总工程师（主管生产领导）批准后执行。

（2）本次作业应经现场勘察并编制带电检测绝缘子零值的现场作业指导书，经本单位技术负责人或主管生产负责人批准后执行。

（3）作业应在良好天气下进行。如遇雷电（听见雷声、看见闪电）、雪雹、雨雾时不得进行带电作业。风力大于5级（10m/s）时，不宜进行作业。

（4）若需在相对空气湿度大于80%的天气下进行带电作业时，应采用具有防潮性能的绝缘工具。

（5）本次作业不需申请停用线路重合闸装置，但工作前应向调度明确若线路跳闸，不经联系不得强送电的要求。

（6）杆塔上电工与带电体的安全距离不小于0.7m。

（7）绝缘传递绳安全长度不小于0.7m，绝缘操作杆的有效长度不小于1.0m。

（8）地面绝缘工具应放置在绝缘垫上，作业人员均应戴清洁干燥手套，摇测绝缘电阻值不得小于700MΩ（电极宽2cm，极间距2cm）。

（9）绝缘工器具使用前应用干净毛巾进行表面清洁处理，使用绝缘工具应戴清洁、干燥的手套，防止受潮和污染，收工或转移作业点，应将绝缘绳、软梯装在工具袋内。

（10）塔上电工上杆塔前，应对脚扣、安全带、登高板等进行检查和冲击试验，全体作业人员必须戴安全帽。

（11）上下杆塔、塔上移动或转位时，作业人员必须双手攀抓牢固构件，且双手不得持带任何工器具，杆塔上作业不得失去安全带的保护。

（12）地面电工严禁在作业点垂直下方活动，塔上电工应防止高空落物，使用的工具、材料应用绳索传递，不得乱扔。

（13）作业前应校核调整火花间隙距离，间隙放电电压参考数：66kV线路火花间隙距离的数值一般在0.4mm，以每串绝缘子中间靠横担处的绝缘子有轻微放电声的间隙距离为基准进行调整。

（14）检测时当同一串中的零值绝缘子达到 2 片时，应立即停止检测。

（15）作业期间，工作监护人应对作业人员进行不间断监护，不得从事其他工作。

第二节　110kV 输电线路带电作业操作方法

一、带电更换直线绝缘子串

（一）110kV 输电线路带电更换悬垂绝缘子串

1. 作业方法：地电位结合滑车组法。

2. 适用范围：适用于 110kV 悬垂绝缘子整串的更换工作。

3. 人员组合：本作业项目工作人员共计 6 名。其中工作负责人 1 名（监护人）、塔上电工 2 名、地面电工 3 名。

4. 工具配备一览表见表 2 - 8。

表 2 - 8　　　　　　　　　　工具配备一览表

序号	工具名称		规格、型号	数量	备注
1	绝缘工具	绝缘传递绳	φ10mm	1 根	视作业杆塔高度定
2		绝缘滑车组	3T	1 套	配绝缘绳索
3		高强度绝缘绳	φ32mm	1 根	导线后备保护绳
4		绝缘操作杆	φ30×2.5m	1 根	
5		绝缘绳套	φ20mm	2 只	
6	金属工具	提线器	2T	1 套	分裂导线适用
7		取销器		1 套	★
8		分布电压或绝缘电阻检测仪		1 个	瓷质绝缘子用
9		碗头扶正器		1 套	★
10		滑车组横担固定器		1 个	
11	个人防护用具	绝缘安全带		3 根	备用一根
12		安全帽		6 顶	
13	辅助安全用具	兆欧表	5kV	1 块	电极宽 2cm，极间距 2cm
14		万用表		1 块	测量屏蔽服用
15		防潮毡布	3m×3m	1 块	
16		测湿风速仪	AVM07	1 台	
17		脚扣		2 副	砼杆时用
18		工具袋		2 只	装绝缘工具用

有在绝缘操作杆头部安装万用接头，一根绝缘操作杆可多用途或多用途操作头。

注：采用火花间隙测零时每次检测前应用专用塞尺按 DL415 要求测量放电间隙尺寸。

5. 按照本次作业现场勘察后编写的现场作业指导

（1）工作负责人向电网调度员申请开工，内容为："本人为工作负责人×××，×年×月×日需在110kV ××线路上更换绝缘子作业，本次作业申请停用线路重合闸装置，若遇线路跳闸，不经联系，不得强送。"得到调度许可，核对线路双重名称和杆号。

（2）全体工作成员列队，工作负责人现场宣读工作票，交代工作任务、安全措施和技术措施；查（问）看工作人员精神状况、着装情况和工器具是否完好齐全；交代危险点和预防措施，明确作业分工、安全措施及注意事项。

（3）工作人员采用兆欧表检测绝缘工具的绝缘电阻，检查承力工具是否完好灵活，组装绝缘滑车组。

（4）塔上1号电工携带绝缘传递绳登塔至横担处，系、挂好安全带，将绝缘滑车和绝缘传递绳在横担作业适当位置安装好。塔上2号电工随后登塔。

（5）若是盘形瓷质绝缘子串，地面电工把分布电压（绝缘电阻）检测仪及绝缘操作杆组装好后用绝缘传递绳传递给塔上2号电工，2号电工检测所要更换绝缘子串的零值绝缘子，扣除人体短接和零值（自爆）绝缘子后，良好绝缘子片数不得少于5片（结构高度146mm）。

（6）塔上电工与地面电工相互配合，将绝缘滑车组、横担固定器、导线保护绝缘绳传递至工作位置（双联串时不需停用线路重合闸）。

（7）塔上2号电工在导线水平位置，系、挂好安全带，地面电工与塔上1号电工相互配合安装好绝缘滑车组和导线后备保护绳，导线后备保护绳的保护裕度（长度）应控制合理。

（8）塔上2号电工用操作杆取出导线侧碗头锁紧销后，在工作负责人的指挥下，地面电工配合用绝缘承力工具提升导线，塔上2号电工用操作杆脱离绝缘子串与导线侧碗头的连接。

（9）在地面电工配合下将导线下落约300mm（双联串时下落至自然受力位置），塔上1号电工在横担侧第二片绝缘子处系好绝缘传递绳，并取出横担侧绝缘子锁紧销。

（10）塔上1号电工与地面电工相互配合操作绝缘传递绳，将旧的绝缘子串放下，同时新绝缘子串跟随至工作位置，注意控制好空中上、下两串绝缘子串的位置，防止发生相互碰撞。

（11）塔上1号电工安装好新绝缘子横担侧锁紧销，地面电工提升导线配合塔上2号电工用操作杆安装好导线侧球头与碗头并恢复锁紧销。

（12）塔上电工检查绝缘子串锁紧销连接情况，并检查确保连接可靠。

（13）报经工作负责人同意后，塔上电工拆除绝缘滑车组及导线后备保护绳，依次传递至地面。

（14）塔上电工检查塔上无遗留工具后，汇报工作负责人，得到同意后背绝缘传递绳平稳下塔。

（15）地面电工整理所有工器具，工作负责人（监护人）清点工器具、清理现场。

（16）工作负责人向调度汇报。内容为：本人为工作负责人×××，110kV ××线路带电更换直线悬垂绝缘子串工作已结束，塔上人员已撤离，塔上、线上无遗留物，导线、绝缘子和金具等已恢复原状，可恢复线路重合闸装置。

　　6. 安全措施及注意事项

　　（1）若在海拔 1000m 以上地区的线路带电作业时，应根据作业区不同海拔高度，修正各类空气间隙、绝缘工具的安全距离和长度、绝缘子片数等，经本企业总工程师（主管生产领导）批准后执行。

　　（2）本次作业应经现场勘察并编制带电更换悬垂整串绝缘子的现场作业指导书，经本单位技术负责人或主管生产负责人批准后执行。

　　（3）作业应在良好天气下进行。如遇雷电（听见雷声、看见闪电）、雪雹、雨雾时不得进行带电作业。风力大于 5 级（10m/s）时，不宜进行作业。

　　（4）若需在相对空气湿度大于 80% 的天气下进行带电作业时，应采用具有防潮性能的绝缘工具。

　　（5）本作业需向调度明确若线路跳闸，不经联系不得强送电。

　　（6）杆塔上电工与带电体的安全距离不小于 1m。

　　（7）绝缘承力工具安全长度不小于 1m，绝缘操作杆的有效长度不小于 1.3m。

　　（8）对盘形瓷质绝缘子，作业前应采用检测装置带电检测绝缘子串，扣除人体短接和零值（自爆）绝缘子片数后，良好绝缘子片数不少于 5 片（结构高度 146mm）。

　　（9）绝缘承力工具受力后，须经检查确认安全可靠后方可脱离绝缘子串。本次作业必须加装导线后备保护绳。

　　（10）导线侧绝缘子串未摘开前，严禁塔上电工徒手无安全措施摘开横担侧绝缘子串连接，以防止电击伤人。

　　（11）地面绝缘工具应放置在防潮毡布上，作业人员均应戴清洁干燥手套，摇测绝缘电阻值不得小于 700MΩ（电极宽 2cm，极间距 2cm）。

　　（12）绝缘工器具使用前应用干净毛巾进行表面清洁处理，使用绝缘工具应戴清洁、干燥的手套，防止受潮和污染，收工或转移作业点，应将绝缘绳、软梯装在工具袋内。

　　（13）新复合绝缘子必须检查并按说明书安装好均压环，若是盘形绝缘子应用干净毛巾进行表面清洁处理，瓷质绝缘子应摇测绝缘电阻值不小于 500MΩ。

　　（14）在杆塔上作业过程中如遇设备突然停电，作业人员应视设备仍然带电。

　　（15）塔上电工上杆塔前，应对登高工具和安全带进行检查和冲击试验，全体作业人员必须戴安全帽。

　　（16）上下杆塔或塔上移位时，作业人员必须攀抓牢固构件，且双手不得持带任何器材。

　　（17）杆塔上作业不得失去安全保护。

　　（18）地面电工严禁在作业点垂直下方逗留，塔上电工应防止高空落物，使用的工具、材料应用绳索传递，不得乱扔。

　　（19）作业期间，工作监护人应对作业人员进行不间断监护，不得从事其他工作。

（二）110kV 输电线路带电更换悬垂绝缘子串

1. 作业方法：地电位与等电位结合紧线杆法。

2. 适用范围：适用于 110kV 输电线路悬垂双联任意串绝缘子更换。

3. 人员组合：本作业项目工作人员共计 6 名，其中工作负责人 1 名（监护人）、塔上电工 1 名、等电位电工 1 名、地面电工 3 名。

4. 工具配备一览表见表 2 - 9。

表 2 - 9　　　　　　　　　　工具配备一览表

序号	工器具名称		规格、型号	数量	备注
1	绝缘工具	绝缘传递绳	φ10mm	2 根	视作业杆塔高度定
2		高强度绝缘人身防坠绳	φ14mm	1 根	视作业杆塔高度定
3		绝缘滑车	0.5T	2 个	
4		绝缘紧线杆	110kV	1 副	
5		绝缘操作杆	φ30×2.5m	1 根	
6		绝缘软梯及软梯头		1 副	视作业杆塔高度定
7	金属工具	横担卡具	30kN	1 套	
8		紧线丝杠	110kV	1 根	
9		分布电压或绝缘电阻检测仪		1 个	瓷质绝缘子用
10	个人防护用具	绝缘安全带		3 根	备用一根
11		屏蔽服		1 套	
12		导电鞋		1 双	
13		安全帽		6 顶	
14	辅助安全用具	防潮毡布	3m×3m	1 块	
15		万用表		1 块	检测屏蔽服连接良好
16		兆欧表	5kV	1 块	电极宽 2cm，极间距 2cm
17		工具袋		2 只	

注：采用火花间隙测零时，每次检测前应用专用塞尺按 DL415 要求测量间隙尺寸。

5. 按照本次作业现场勘察后编写的现场作业指导

（1）工作负责人向电网调度员申请开工，内容为："本人为工作负责人×××，×年×月×日需在 110kV ××线路上更换劣化绝缘子作业，本次作业需停用线路重合闸装置，若遇线路跳闸，不经联系，不得强送。"得到调度许可，核对线路双重名称和杆号。

（2）全体工作成员列队，工作负责人现场宣读工作票，交代工作任务、安全措施和技术措施；查（问）看工作人员精神状况、着装情况和工器具是否完好齐全。交代危险点和预防措施，明确作业分工、安全措施及注意事项。

（3）地面电工采用兆欧表检测绝缘工具的绝缘电阻，检查丝杠、卡具、软梯等工具是否完好齐全，屏蔽服不得有破损、金属纤维断丝等缺陷。

（4）塔上电工携带绝缘传递绳登塔至横担处，系、挂好安全带，将绝缘滑车和绝缘传递绳在作业横担适当位置安装好。

（5）若是盘形瓷质绝缘子串，地面电工将瓷瓶电压分布仪及绝缘操作杆组装好后用绝缘传递绳传递给塔上电工，塔上电工检测所要更换绝缘子串的分布电压（绝缘电阻）值，扣除人体短接和零值（自爆）绝缘子后，良好绝缘子片数不得少于 5 片（结构高度 146mm）。

（6）塔上电工与地面电工相互配合，将绝缘软梯吊挂在导线（或横担头）上，并在地面冲击试验软梯后控制固定好，同时挂好绝缘高强度防坠落绳。

（7）等电位人员穿着全套屏蔽服、导电鞋，屏蔽服内不得穿着化纤类衣服。地面电工负责检查袜裤、裤衣、袖和手套的连接是否完好，用万用表测试袜、裤、衣、手套等导通情况。

（8）等电位电工系好防坠落绳，地面电工控制软梯尾部和防坠落保护绳，等电位电工攀登软梯至导线下方 0.6m 处左右，向工作负责人申请等电位，得到工作负责人同意后，快速抓住进入带电体，在导线上扣好安全带后才能解除防坠保护绳。

（9）塔上电工与地面电工相互配合，将紧线丝杠、绝缘紧线杆、横担卡具等传递至工作位置。

（10）塔上电工与等电位相互配合将端部卡具、紧线丝杠及绝缘紧线杆安装好并钩住导线。

（11）塔上电工将绝缘传递绳拴在盘形绝缘子串横担下方的第 2 和第 3 片之间（复合绝缘子相同位置），地面电工控制这一端的尾绳，另一地面电工在地面将传递绳的另一端拴住新的绝缘子串相同的位置。

（12）塔上电工收紧紧线丝杠，使悬垂绝缘子串松弛。等电位电工手抓绝缘紧线杆冲击检查无误并报经工作负责人同意后，拆除碗头处的锁紧销，将绝缘子串与碗头脱离。

（13）塔上电工在横担侧第二片绝缘子处系好绝缘传递绳，拔除横担侧球头连接处的绝缘子锁紧销，地面电工收紧传递绳将更换绝缘子串提升，塔上电工摘开横担侧球头。

（14）地面两电工相互配合操作两侧绝缘传递绳，将旧的绝缘子串放下，同时新绝缘子串跟随至工作位置，控制好空中上、下两串绝缘子的位置，防止发生相互碰撞。

（15）塔上电工和地面电工相互配合，恢复新绝缘子串横担侧球头挂环的连接，并安好锁紧销。

（16）等电位电工和塔上电工相互配合，收紧调整紧线丝杠，恢复绝缘子串导线侧的碗头挂板连接，并安好锁紧销。

（17）塔上电工松开丝杠，使绝缘子串恢复完全受力状态，等电位电工和塔上电工检查并冲击新绝缘子串的安装受力情况。

（18）报经工作负责人同意后，塔上电工拆除紧线丝杠和绝缘紧线杆等传至地面。

（19）等电位电工系好高强度防坠落绳后，解开安全带，沿软梯下退至人站直并手抓导线，向工作负责人申请脱离电位，许可后应快速脱离电位，地面电工控制好防坠落保护绳，等电位电工解开安全小带后沿绝缘软梯回落地面。

（20）塔上电工和地面电工相互配合，将绝缘软梯脱开导线并下传至地面。

（21）塔上电工检查确认塔上无遗留工具后，汇报工作负责人，得到同意后背绝缘传递绳平稳下塔。

（22）地面电工整理所用工器具，工作负责人（监护人）清点工器具。

（23）工作负责人向调度汇报，内容为：本人为工作负责人×××，110kV ××线路带电更换直线悬垂绝缘子串工作已结束，塔上人员已撤离，塔上、线上无遗留物，导线、绝缘子和金具等已恢复原状。

6. 安全措施及注意事项

（1）若在海拔1000m以上地区作业时，应根据作业区的实际海拔高度，计算修正各类空气间隙、绝缘工具的安全距离和长度、绝缘子片数等，经本企业总工程师（主管生产领导）批准后执行。

（2）本次作业应经现场勘察并编制带电更换悬垂整串绝缘子的现场作业指导书，经本单位技术负责人或主管生产负责人批准后执行。

（3）作业应在良好天气下进行。如遇雷电（听见雷声、看见闪电）、雪雹、雨雾时不得进行带电作业。风力大于5级（10m/s）时，不宜进行作业。

（4）若需在相对空气湿度大于80%的天气下进行带电作业时，应采用具有防潮性能的绝缘工具。

（5）本次作业不需停用线路重合闸装置，但工作前应向调度明确若线路跳闸，不经联系不得强送电的要求。

（6）杆塔上电工与带电体的安全距离不小于1m。作业中等电位电工头部不得超过2片绝缘子，等电位电工转移电位时人体裸露部分与带电体应保证大于0.3m。

（7）绝缘承力工具安全长度不小于1m，绝缘操作杆的有效长度不小于1.3m。

（8）对盘形瓷质绝缘子，作业前应采用电压分布（或绝缘电阻）检测仪带电检测绝缘子串，扣除人体短接和零值（自爆）绝缘子片数后，良好绝缘子片数不少于5片（结构高度146mm）。

（9）绝缘承力工具受力后，须经检查确认安全可靠后方可脱离绝缘子串。

（10）导线侧绝缘子串未摘开前，严禁塔上电工徒手无安全措施摘开横担侧绝缘子串连接，以防止电击伤人。

（11）地面绝缘工具应放置在绝缘垫上，作业人员均应戴清洁干燥手套，摇测绝缘电阻值不得小于700MΩ（电极宽2cm，极间距2cm）。

（12）等电位电工应穿戴全套合格的屏蔽服（包括帽、衣裤、手套、袜和导电鞋），且各部分连接良好。屏蔽服内不得穿着化纤类衣服。

（13）绝缘工器具使用前应用干净毛巾进行表面清洁处理，使用绝缘工具应戴清洁、干燥的手套，防止受潮和污染，收工或转移作业点，应将绝缘绳、软梯装在工具袋内。

（14）新复合绝缘子必须检查并按说明书安装好均压环，若是盘形绝缘子应用干净毛巾进行表面清洁处理，瓷质绝缘子应摇测绝缘电阻值不小于500MΩ。

（15）在杆塔上作业过程中如遇设备突然停电，作业人员应视设备仍然带电。

（16）塔上电工上杆塔前，应对脚扣、安全带、登高板等进行检查和冲击试验，全体作业人员必须戴安全帽。

（17）上下杆塔、塔上移动或转位时，作业人员必须双手攀抓牢固构件，且双手不得持带任何工器具，杆塔上作业不得失去安全带的保护。

（18）地面电工严禁在作业点垂直下方活动，塔上电工应防止高空落物，使用的工具、材料应用绳索传递，不得乱扔。

（19）作业期间，工作监护人应对作业人员进行不间断监护，不得从事其他工作。

图 2 – 1　110kV 输电线路带电更换悬垂绝缘子串

（三）110kV 输电线路带电更换直线悬垂绝缘子串

1. 作业方法：地电位与等电位结合滑轮组法。

2. 适用范围：适用于 110kV 输电线路更换直线单联整串绝缘子。

3. 人员组合：本作业项目工作人员共计 6 名。其中工作负责人 1 名（监护人）、塔上电工 1 名、等电位电工 1 名、地面电工 3 名。

4. 工具配备一览表见表 2 – 10。

表 2 – 10　　　　　　　　　　　　工具配备一览表

序号	工具名称		规格、型号	数量	备注
1	绝缘工具	绝缘绳套	SCJS – 22	2 根	
2		绝缘承力工具（绝缘滑轮组）	2T	1 套	
3		导线绝缘保护绳	110kV	1 根	
4		测零杆	110kV	1 根	
5		绝缘软梯	110kV	1 套	
6		抛绳器		1 套	
7		绝缘绳	SCJS – 4	1 根	
8		绝缘绳	SCJS – 10	1 根	人身二防用
9		绝缘传递绳	SCJS – 14	2 套	长度视塔高而定
10	金属工具	提线器	2T	1 套	分裂导线适用
11		拔销钳		1 套	
12		分布电压或绝缘电阻检测仪		1 个	瓷质绝缘子用
13		跟头滑车		1 个	
14	个人防护用具	安全带（带二防）		2 套	
15		安全帽		6 顶	
16		屏蔽服		1 套	
17		导电鞋		1 双	
18	辅助安全用具	兆欧表（或绝缘工具测试仪）	5kV	1 块	电极宽 2cm，极间距 2cm
19		防潮毡布	3m×3m	1 块	
20		万用表		1 块	
21		测温风速仪	AVM07	1 台	

注：采用火花间隙测零时，每次检测前应用专用塞尺按 DL415 要求测量放电间隙尺寸。

5. 按照本次作业现场勘察后编写的现场作业指导

（1）工作前工作负责人向调度申请。内容为："本人为工作负责人×××，×年×月×日需在 110kV ××线路上带电更换直线悬垂绝缘子串，申请停用线路重合闸装置，若遇线路跳闸，不经联系，不得强送。"得到调度许可后，核对线路双重名称和杆号。

（2）全体工作成员列队，工作负责人现场宣读工作票，交代工作任务、安全措施和技术措施；查（问）看工作人员精神状况、着装情况和工器具是否完好齐全。交代危险点和预防措施，明确作业分工、安全措施及注意事项。

（3）地面电工采用兆欧表检测绝缘工具的绝缘电阻，检查承力工具是否完好灵活，屏蔽服不得有破损、金属纤维断丝等缺陷。

（4）塔上电工带传递绳登塔至横担合适位置，系、挂好安全带，将绝缘滑车及绝缘传递绳悬挂在适当位置。

（5）若是盘形瓷质绝缘子串，地面电工将绝缘子零值检测仪及绝缘操作杆组装好后用绝缘传递绳传递给塔上电工，塔上电工利用测零杆进行绝缘子零值检测，检测所要更换绝缘子串的零值绝缘子，扣除人体短接和零值（自爆）绝缘子后，良好绝缘子片数不得少于 5 片（结构高度 146mm）。

（6）地面电工用 SCJS－4mm 绝缘绳抛过导线，使带有跟头滑车的绝缘传递绳（SCJS－10mm）挂在导线上，将软梯吊挂在导线上，并在地面冲击检查试验。

（7）等电位电工穿着全套屏蔽服、导电鞋，屏蔽服内不得穿着化纤类衣服。地面电工负责检查袜裤、裤衣、袖和手套的连接是否完好，用万用表测试袜对手套的连接导通情况。

（8）地面电工控制软梯尾部，等电位电工系好防坠保护绳后攀登软梯至导线下方 0.6m 处左右，向工作负责人申请等电位，得到工作负责人同意后，快速抓住进入带电体，在导线上系好安全带后，才能解除防坠保护绳。

（9）塔上电工与地面电工配合传递上绝缘滑轮组及导线保护绳，并将其固定好。

（10）地面电工收紧绝缘滑轮组提升导线，使绝缘子串松弛，等电位电工用拔销钳取出碗头处锁紧销，并使之与导线分离。同时塔上电工与地面电工配合使导线下降 200～300mm。

（11）地面两电工相互配合操作两侧绝缘传递绳，将旧的绝缘子串放下，同时将新绝缘子串传递到工作位置，控制好空中上、下两串绝缘子的位置，防止发生相互碰撞。

（12）塔上电工和地面电工相互配合，恢复新绝缘子串横担侧球头挂环的连接，并安好锁紧销。

（13）等电位电工和塔上电工相互配合，收紧滑轮组，恢复绝缘子串导线侧的碗头挂板连接，并安好锁紧销。

（14）松开滑轮组，使绝缘子串恢复完全受力状态，等电位电工和塔上电工检查并冲击新绝缘子串的安装受力情况。

（15）报经工作负责人同意后，等电位电工准备退出强电场。

（16）等电位电工系好防坠保护绳后，解开安全带，沿软梯下退至人站直并手抓导线，向工作负责人申请脱离电位，许可后快速脱离电位，地面电工控制好防坠落保护绳，等电位电工沿绝缘软梯回落地面。

（17）塔上电工拆除工具及保护措施，检查塔上无遗留工具后，汇报工作负责人，得到同意后背绝缘传递绳平稳下塔。

（18）地面电工整理所有工器具，工作负责人（监护人）清点工器具、清理现场。

（19）工作负责人向调度汇报。内容为：本人为工作负责人×××，110kV ××线路带电更换直线悬垂绝缘子串工作已结束，人员已撤离，塔上、导线上无遗留物，导线、绝缘子和金具等已恢复原状，可恢复线路重合闸装置。

6. 安全措施及注意事项

（1）若在海拔 1000m 以上地区作业时，应根据作业区的实际海拔高度，计算修正各类空气间隙、绝缘工具的安全距离和长度、绝缘子片数等，经本企业总工程师（主管生产领导）批准后执行。

（2）本次作业应经现场勘察并编制带电更换悬垂整串绝缘子的现场作业指导书，经本单位技术负责人或主管生产负责人批准后执行。

（3）作业应在良好天气下进行。如遇雷电（听见雷声、看见闪电）、雪雹、雨雾时不得进行带电作业。风力大于 5 级（10m/s）时，不宜进行作业。

（4）若需在相对空气湿度大于 80% 的天气下进行带电作业时，应采用具有防潮性能的绝缘工具。

（5）本次作业需停用线路重合闸装置，同时向调度明确若线路跳闸，不经联系不得强送电的要求。

（6）杆塔上电工与带电体的安全距离不小于 1m。作业中等电位人员头部不得超过 2 片绝缘子，等电位人员转移电位时人体裸露部分与带电体应保证 0.3m。

（7）绝缘承力工具安全长度不小于 1m，绝缘操作杆的有效长度不小于 1.3m。

（8）对盘形瓷质绝缘子，作业前应采用电压分布（或绝缘电阻）检测仪带电检测绝缘子串，扣除人体短接和零值（自爆）绝缘子片数后，良好绝缘子片数不少于 5 片（结构高度 146mm）。

（9）绝缘承力工具受力后，须经检查确认安全可靠后方可脱离绝缘子串。

（10）导线侧绝缘子串未摘开前，严禁塔上电工徒手无安全措施摘开横担侧绝缘子串连接，以防止电击伤人。

（11）地面绝缘工具应放置在绝缘垫上，作业人员均应戴清洁干燥手套，摇测绝缘电阻值不得小于 700MΩ（电极宽 2cm，极间距 2cm）。

（12）等电位电工应穿戴全套合格的屏蔽服（包括帽、衣裤、手套、袜和导电鞋），且各部分连接良好。屏蔽服内不得穿着化纤类衣服。

（13）绝缘工器具使用前应用干净毛巾进行表面清洁处理，使用绝缘工具应戴清洁、干燥的手套，防止受潮和污染，收工或转移作业点，应将绝缘绳、软梯装在工具袋内。

（14）新复合绝缘子必须检查并按说明书安装好均压环，若是盘形绝缘子应用干净毛巾进行表面清洁处理，瓷质绝缘子应摇测绝缘电阻值不小于 500MΩ。

（15）在杆塔上作业过程中如遇设备突然停电，作业人员应视设备仍然带电。

（16）塔上电工上杆塔前，应对脚扣、安全带、登高板等进行检查和冲击试验，全体作业人员必须戴安全帽。

（17）上下杆塔、塔上移动或转位时，作业人员必须双手攀抓牢固构件，且双手不得持带任何工器具，杆塔上作业不得失去安全带的保护。

（18）地面电工严禁在作业点垂直下方活动，塔上电工应防止高空落物，使用的工具、材料应用绳索传递，不得乱扔。

（19）作业期间，工作监护人应对作业人员进行不间断监护，不得从事其他工作。

（20）所列承力工器具受力按双 300 导线、垂直挡 600m 为临界值考虑的，导线型号或垂直挡距超出临界值时应另行校核选择。

二、耐张绝缘子串

110kV 输电线路带电更换耐张整串绝缘子。

1. 作业方法：地电位与等电位结合丝杠法。

2. 适用范围：适用于更换 110kV 耐张整串绝缘子。

3. 人员组合：本作业项目工作人员共计 7 名。其中工作负责人 1 名（监护人）、塔上电工 2 名、等电位电工 1 名、地面电工 3 名。

4. 工具配备一览表见表 2-11。

表 2-11　　　　　　　　　　　　工具配备一览表

序号	工具名称		规格、型号	数量	备注
1		绝缘绳套	SCJS-22	2 根	
2		托瓶架	110kV	1 副	
3		拉板	110kV	1 副	
4		高强度绝缘保护绳	φ302mm	1 根	导线后备保护绳
5	绝缘工具	绝缘操作杆	φ30×2500	2 根	
6		测零杆	110kV	1 根	
7		绝缘软梯	110kV	1 套	
8		绝缘传递绳	SCJS-14	2 套	长度视塔高而定
9		绝缘传递绳	SCJS-10	1 根	人身二防用
10		绝缘小绳	SCJS-4	1 根	
11		丝杠		1 根	翼形卡具 2 根
12		分布电压或绝缘电阻检测仪		1 套	瓷质绝缘子用
13	金属工具	翼形卡具	NYK25-Ⅲ	1 套	用于更换单串耐张
14		大刀卡具	NDK36-Ⅲ	1 套	用于更换双串耐张
15		跟头滑车		1 个	挂软梯用
16		安全带（带二防）		3 套	
17	个人防护用具	安全帽		7 顶	
18		屏蔽服	C 型	1 套	
19		导电鞋		1 双	
20		兆欧表（或绝缘工具测试仪）	5kV	1 块	电极宽 2cm，极间距 2cm
21	辅助安全用具	防潮毡布	3m×3m	1 块	
22		万用表		1 块	
23		测温风速仪	AVM07	1 台	

注：采用火花间隙测零时，每次检测前应用专用塞尺按 DL415 要求测量放电间隙尺寸。

5. 按照本次作业现场勘察后编写的现场作业指导

（1）工作前工作负责人向调度申请。内容为："本人为工作负责人×××，×年×

月×日需在 110kV ××线路上带电更换耐张绝缘子串，申请停用线路重合闸装置，若遇线路跳闸，不经联系，不得强送。"得到调度许可后，核对线路双重名称和杆号。

（2）全体工作成员列队，工作负责人现场宣读工作票，交代工作任务、安全措施和技术措施；查（问）看工作人员精神状况、着装情况和工器具是否完好齐全。交代危险点和预防措施，明确作业分工、安全措施及注意事项。

（3）地面电工采用兆欧表检测绝缘工具的绝缘电阻，检查承力工具是否完好灵活，屏蔽服不得有破损、金属纤维断丝等缺陷。

（4）塔上 1 号、2 号电工登塔至横担处，系、挂好安全带，将绝缘滑车及绝缘传递绳悬挂在适当位置。

（5）若是盘形瓷质绝缘子串，地面电工将绝缘子零值检测仪及绝缘操作杆组装好后用绝缘传递绳传递给塔上电工，塔上 1 号电工利用测零杆进行绝缘子零值测量，检测所要更换绝缘子串的零值绝缘子，扣除人体短接和零值（自爆）绝缘子后，良好绝缘子片数不得少于 5 片。

（6）塔上 1 号电工与地面电工配合拉上绝缘软梯，塔上 2 号电工用操作杆将绝缘软梯挂在导线上。

（7）等电位电工穿着全套屏蔽服、导电鞋，屏蔽服内不得穿着化纤类衣服。地面电工负责检查衣、裤、袜、袖和手套的连接是否完好，用万用表测试袜对手套的连接导通情况。

（8）等电位电工系好防坠保护绳，地面电工控制软梯尾部和防坠保护绳，等电位电工攀登软梯至导线下方 0.6m 处左右，向工作负责人申请等电位，得到工作负责人同意后，迅速进入带电体，在导线上系好安全带后，才能解除防坠保护绳。

（9）塔上 2 号电工用操作杆将卡具的前卡递给等电位电工装好，塔上 1 号电工将后卡装好，同时调整丝杠、安装好导线后备保护绳，导线后备保护绳的保护裕度（长度）应控制合理。

（10）塔上 1 号、2 号电工与等电位电工配合安装托瓶架。

（11）等电位电工和塔上 1 号电工分别将两端的锁紧销取出。

（12）塔上 1 号、2 号电工收紧丝杠，使卡具受力，等电位电工将绝缘子串导线端脱开，1 号、2 号电工将绝缘子串横担端脱开。

（13）上、下电工配合将绝缘子串用传递绳传递下，同时把新绝缘子串拉上。

（14）新绝缘子串的安装程序与上述相反。

（15）装好两端锁紧销，塔上电工松开丝杠，检查绝缘子串受力。

（16）报经工作负责人同意后，等电位电工与塔上电工配合拆除工器具，准备退出强电场。

（17）等电位电工系好防坠保护绳后解开安全带，沿软梯下退至人站直并手抓导线，向工作负责人申请脱离强电场，许可后快速脱离强电场，平稳下软梯至地面。

（18）塔上电工拆除塔上工具及保护措施，检查塔上无遗留工具后，汇报工作负责人，得到同意后背绝缘传递绳平稳下塔。

（19）地面电工整理所有工器具，工作负责人（监护人）清点工器具清理现场。

（20）工作负责人向调度汇报。内容为：本人为工作负责人×××，110kV ××线路带电更换耐张绝缘子串工作已结束，人员已撤离，塔上、导线上无遗留物，导线、绝缘子和金具等已恢复原状，可恢复线路重合闸装置（若不退重合闸可汇报作业结束）。

6. 安全措施及注意事项

（1）若在海拔1000m以上地区作业时，应根据作业区的实际海拔高度，计算修正各类空气间隙、绝缘工具的安全距离和长度、绝缘子片数等，经本企业总工程师（主管生产领导）批准后执行。

（2）本次作业应经现场勘察并编制带电更换耐张整串绝缘子的现场作业指导书，经本单位技术负责人或主管生产负责人批准后执行。

（3）作业应在良好天气下进行。如遇雷电（听见雷声、看见闪电）、雪雹、雨雾时不得进行带电作业。风力大于5级（10m/s）时，不宜进行作业。

（4）若需在相对空气湿度大于80%的天气下进行带电作业时，应采用具有防潮性能的绝缘工具。

（5）本次作业需申请停用线路重合闸装置（双串可不申请停用重合闸），同时向调度明确若线路跳闸，不经联系不得强送电的要求。

（6）杆塔上电工与带电体的安全距离不小于1m。

（7）绝缘承力工具安全长度不小于1m，绝缘操作杆的有效长度不小于1.3m。

（8）对盘形瓷质绝缘子，作业前应采用电压分布（或绝缘电阻）检测仪带电检测绝缘子串，扣除人体短接和零值（自爆）绝缘子片数后，良好绝缘子片数不少于5片（结构高度146mm）。

（9）绝缘承力工具受力后，须经检查确认安全可靠后方可脱离绝缘子串。

（10）导线侧绝缘子串未摘开前，严禁塔上电工徒手无安全措施摘开横担侧绝缘子串连接，以防止电击伤人。

（11）地面绝缘工具应放置在绝缘垫上，作业人员均应戴清洁干燥手套，摇测绝缘电阻值不得小于700MΩ（电极宽2cm，极间距2cm）。

（12）等电位电工应穿戴全套的屏蔽服（包括帽、衣裤、手套、袜和鞋），且各部分连接良好，用万用表测量袜、手套间连接导通情况，屏蔽服内不得穿着化纤类衣服。

（13）绝缘工器具使用前应用干净毛巾进行表面清洁处理，使用绝缘工具应戴清洁、干燥的手套，防止受潮和污染，收工或转移作业点，应将绝缘绳、软梯装在工具袋内。

（14）新复合绝缘子必须检查并按说明书安装好均压环，若是盘形绝缘子应用干净毛巾进行表面清洁处理，瓷质绝缘子应摇测绝缘电阻值不小于500MΩ。

（15）在杆塔上作业过程中如遇设备突然停电，作业人员应视设备仍然带电。

（16）塔上电工杆塔前，应对脚扣、安全带、登高板等进行检查和冲击试验，全体作业人员必须戴安全帽。

（17）登塔、塔上移动或转位时，作业人员必须双手攀抓牢固构件，且双手不得持

带任何工器具，杆塔上作业不得失去安全带的保护。

（18）地面电工严禁在作业点垂直下方活动，塔上电工应防止高空落物，使用的工具、材料应用绳索传递，不得乱扔。

（19）作业期间，工作监护人应对作业人员进行不间断监护，不得从事其他工作。

三、金具及附件

（一）110kV 输电线路带电更换导线悬垂线夹

1. 作业方法：地电位与等电位结合滑轮组法。

2. 适用范围：适用于更换 110kV 输电线路单联导线悬垂线夹。

3. 人员组合：本作业项目工作人员共计 5 名。其中工作负责人 1 名（监护人）、塔上电工 1 名、等电位电工 1 名、地面电工 2 名。

4. 工具配备一览表见表 2－12。

表 2－12　　　　　　　　　　　工具配备一览表

序号	工具名称		规格、型号	数量	备注
1	绝缘工具	绝缘绳套	SCJS－22	1 根	
2		绝缘滑轮组	2T	1 付	
3		高强度绝缘保护绳	φ30mm	1 根	导线后备保护绳
4		测零杆	110kV	1 根	
5		绝缘软梯	110kV	1 套	长度视导线高而定
6		绝缘绳	SCJS－4	1 根	
7		绝缘绳	SCJS－10	1 根	人身二防
8		绝缘传递绳	SCJS－14	1 套	长度视塔高而定
9	金属工具	分布电压或绝缘电阻检测仪		1 套	瓷质绝缘子用
10	个人防护用具	安全带（带二防）		2 套	
11		安全帽		5 顶	
12		屏蔽服		1 套	
13		导电鞋		1 双	
14	辅助安全用具	兆欧表（或绝缘工具测试仪）	5kV	1 块	电极宽 2cm，极间距 2cm
15		防潮毡布	3m×3m	1 块	
16		万用表		1 块	
17		测温风速仪	AVM07	1 台	

注：采用火花间隙测零时，每次检测前应用专用塞尺按 DL415 要求测量放电间隙尺寸。

5. 按照本次作业现场勘察后编写的现场作业指导

（1）工作前工作负责人向调度申请。内容为："本人为工作负责人×××，×年×月×日需在 110kV ××线路上带电更导线悬垂线夹，申请停用线路重合闸装置，若遇线路跳闸，不经联系，不得强送。得到调度许可后，核对线路双重名称和杆号。

（2）全体工作成员列队，工作负责人现场宣读工作票，交代工作任务、安全措施和技术措施；查（问）看工作人员精神状况、着装情况和工器具是否完好齐全。交代危险点和预防措施，明确作业分工、安全措施及注意事项。

（3）地面电工采用兆欧表检测绝缘工具的绝缘电阻，检查承力工具是否完好灵活，屏蔽服不得有破损、金属纤维断丝等缺陷。

（4）塔上电工带传递绳登塔至横担合适位置，系、挂好安全带，将绝缘滑车挂在合适位置。

（5）若是盘形瓷质绝缘子串，地面电工将绝缘子零值检测仪及绝缘操作杆组装好后用绝缘传递绳传递给塔上电工，塔上电工检测所要更换线夹相绝缘子串的零值绝缘子，扣除人体短接和零值（自爆）绝缘子后，良好绝缘子片数不得少于5片。

（6）地面电工用 SCJS – 4mm 绝缘绳抛过导线，使带有跟头滑车的绝缘传递绳（SCJS – 10mm）挂在导线上，利用绝缘传递绳挂好软梯（也可采用塔上电工利用操作杆将滑车直接挂在导线上）。

（7）等电位电工穿着全套屏蔽服、导电鞋，屏蔽服内不得穿着化纤类衣服。地面电工负责检查袜裤、裤衣、袖和手套的连接是否完好，用万用表测试袜对手套的连接导通情况。

（8）等电位电工系好防坠保护绳，地面电位工控制软梯尾部和防坠保护绳，等电位电工攀登软梯至导线下方0.6m处左右，向工作负责人申请等电位，得到工作负责人同意后，迅速进入强电场，在导线上系好安全带后，才能解除防坠保护绳。

（9）塔上电工与地面电工配合传递上绝缘滑轮组及导线保护绳，并将其固定好。

（10）地面电工收紧绝缘滑轮组提升导线，使绝缘子串松弛，等电位电工更换导线悬垂线夹。

（11）更换完毕后等电位电工准备退出强电场。

（12）等电位电工系好防坠保护绳后，解除安全带，地面电工控制好防坠保护绳和软梯，等电位电工沿软梯下退至人站直并手抓导线，向工作负责人申请脱离强电场，许可后快速脱离，平稳下软梯至地面。

（13）塔上电工拆除工具及保护措施，检查塔上无遗留工具后，汇报工作负责人，得到同意后背绝缘传递绳平稳下塔。

（14）地面电工整理所有工器具，工作负责人（监护人）清点工器具、清理现场。

（15）工作负责人向调度汇报。内容为：本人为工作负责人×××，110kV ××线路带电更换悬垂线夹工作已结束，人员已撤离，塔上、导线上无遗留物，导线、绝缘子和金具等已恢复原状，可恢复线路重合闸装置。

6. 安全措施及注意事项

（1）若在海拔1000m以上地区的线路带电作业时，应根据作业区不同海拔高度，修正各类空气间隙、绝缘工具的安全距离和长度、绝缘子片数等，经本企业总工程师（主管生产领导）批准后执行。

（2）本次作业应经现场勘察并编制带电更换悬垂线夹的现场作业指导书，经本单

位技术负责人或主管生产负责人批准后执行。

（3）作业应在良好天气下进行。如遇雷电（听见雷声、看见闪电）、雪雹、雨雾时不得进行带电作业。风力大于 5 级（10m/s）时，不宜进行作业。

（4）若需在相对空气湿度大于 80% 的天气下进行带电作业时，应采用具有防潮性能的绝缘工具。

（5）本次作业需申请停用线路重合闸装置，同时向调度明确若线路跳闸，不经联系不得强送电的要求。

（6）杆塔上电工与带电体的安全距离不小于 1m。

（7）绝缘承力工具安全长度不小于 1m，绝缘操作杆的有效长度不小于 1.3m。

（8）对盘形瓷质绝缘子，作业前应采用电压分布（或绝缘电阻）检测仪带电检测绝缘子串，扣除人体短接和零值（自爆）绝缘子片数后，良好绝缘子片数不少于 5 片（结构高度 146mm）。

（9）绝缘承力工具受力后，须经检查确认安全可靠后方可脱离绝缘子串。本次作业必须加装导线后备保护绳。

（10）地面绝缘工具应放置在绝缘垫上，作业人员均应戴清洁干燥手套，摇测绝缘电阻值不得小于 700MΩ（电极宽 2cm，极间距 2cm）。

（11）等电位电工应穿戴全套的屏蔽服（包括帽、衣裤、手套、袜和鞋），且各部分连接良好，用万用表测量袜、手套间连接导通情况，屏蔽服内不得穿着化纤类衣服。塔上电工应穿导电鞋。

（12）绝缘工器具使用前应用干净毛巾进行表面清洁处理，使用绝缘工具应戴清洁、干燥的手套，防止受潮和污染，收工或转移作业点，应将绝缘绳、软梯装在工具袋内。

（13）在杆塔上作业过程中如遇设备突然停电，作业人员应视设备仍然带电。

（14）塔上电工上杆塔前，应对脚扣、安全带、登高板等进行检查和冲击试验，全体作业人员必须戴安全帽。

（15）上下杆塔、塔上移动或转位时，作业人员必须双手攀抓牢固构件，且双手不得持带任何工器具，杆塔上作业不得失去安全带的保护。

（16）地面电工严禁在作业点垂直下方活动，塔上电工应防止高空落物，使用的工具、材料应用绳索传递，不得乱扔。

（17）进入强电场前应检查组合间隙是否满足要求。

（18）所列承力工器具受力按双 300 导线、垂直挡 600m 为临界值考虑，导线型号或垂直挡距超出临界值时应另行校核选择。

（19）作业期间，工作监护人应对作业人员进行不间断监护，不得从事其他工作。

（二）110kV 输电线路带电更换导线防振锤

1. 作业方法：等电位结合软梯法。

2. 适用范围：适用于 110kV 输电线路更换导线防振锤。

3. 人员组合：本作业项目工作人员共计 4 名。其中工作负责人 1 名（监护人）、等电位电工 1 名、地面电工 2 名。

4. 工具配备一览表见表 2 - 13。

表 2 - 13　　　　　　　　　　　　工具配备一览表

序号	工具名称		规格、型号	数量	备注
1	绝缘工具	抛绳器		1 套	
2		绝缘绳	SCJS - 4	1 根	
3		绝缘绳	SCJS - 10	1 根	人身二防用
4		绝缘软梯	110kV	1 套	长度视导线高而定
5		绝缘传递绳	SCJS - 14	1 套	长度视塔高而定
6	个人防护用具	安全带（带二防）		1 套	
7		安全帽		4 顶	
8		屏蔽服		1 套	
9		导电鞋		1 双	
10	辅助安全用具	兆欧表（或绝缘工具测试仪）	5kV	1 块	电极宽 2cm，极间距 2cm
11		防潮毡布	3m×3m	1 块	
12		万用表		1 块	
13		测温风速仪	AVM07	1 台	

5. 按照本次作业现场勘察后编写的现场作业指导

（1）工作前工作负责人向调度申请。内容为："本人为工作负责人×××，×年×月×日需在 110kV ××线路上带电更换导线防振锤，本次作业需停用线路重合闸装置，若遇线路跳闸，不经联系，不得强送。"得到调度许可后，核对线路双重名称和杆号。

（2）全体工作成员列队，工作负责人现场宣读工作票，交代工作任务、安全措施和技术措施；查（问）看工作人员精神状况、着装情况和工器具是否完好齐全。交代危险点和预防措施，明确作业分工、安全措施及注意事项。

（3）地面电工采用兆欧表检测绝缘工具的绝缘电阻，检查工器具是否齐全完好，屏蔽服不得有破损、金属纤维断丝等缺陷。

（4）地面电工用 SCJS - 4mm 绝缘绳抛过导线，使带有跟头滑车的绝缘传递绳（SCJS - 10mm）挂在防振锤外侧导线上。

（5）用 SCJS - 10mm 的绝缘传递绳将带有支架的软梯挂在导线上。

（6）等电位电工穿着全套屏蔽服、导电鞋，屏蔽服内不得穿着化纤类衣服。系好防坠后备保护绳，地面电工负责检查袜裤、裤衣、袖和手套的连接是否完好，用万用表测试袜对手套的连接导通情况。

（7）地面电工控制软梯尾部和防坠后备保护绳，等电位电工攀登软梯至导线下方 0.6m 处左右，向工作负责人申请等电位，得到工作负责人同意后，迅速进入强电场，在导线上系好安全带后，才能解除防坠后备保护绳。等电位电工更换防振锤。

（8）更换完毕后，地面电工控制好防坠后备保护绳，等电位电工先系好防坠后备

保护绳后，解开安全带，沿软梯下退至人站直并手抓导线位置，向工作负责人申请脱离强电场，许可后快速脱离电位，平稳下软梯至地面。

（9）地面电工拆除软梯及滑车，整理所有工器具，工作负责人（监护人）清点工器具、清理现场。

（10）工作负责人向调度汇报。内容为：本人为工作负责人×××，110kV ××线路带电更换导线防震锤工作已结束，人员已撤离，塔上、导线上无遗留物，导线、金具等已恢复原状。

6. 安全措施及注意事项

（1）若在海拔 1000m 以上地区的线路带电作业时，应根据作业区不同海拔高度，修正各类空气间隙、绝缘工具的安全距离和长度、绝缘子片数等，经本企业总工程师（主管生产领导）批准后执行。

（2）本次作业应经现场勘察并编制带电更换防振锤的现场作业指导书，经本单位技术负责人或主管生产负责人批准后执行。

（3）作业应在良好天气下进行。如遇雷电（听见雷声、看见闪电）、雪雹、雨雾时不得进行带电作业。风力大于 5 级（10m/s）时，不宜进行作业。

（4）若需在相对空气湿度大于 80% 的天气下进行带电作业时，应采用具有防潮性能的绝缘工具。

（5）本次作业不需申请停用线路重合闸装置，但工作前应向调度明确若线路跳闸，不经联系不得强送电的要求。

（6）地面绝缘工具应放置在绝缘垫上，作业人员均应戴清洁干燥手套，摇测绝缘电阻值不得小于 700MΩ（电极宽 2cm，极间距 2cm）。

（7）等电位电工应穿戴全套的屏蔽服（包括帽、衣裤、手套、袜和鞋），且各部分连接良好，用万用表测量袜、手套间连接导通情况，屏蔽服内不得穿着化纤类衣服。

（8）绝缘工器具使用前应用干净毛巾进行表面清洁处理，使用绝缘工具应戴清洁、干燥的手套，防止受潮和污染，收工或转移作业点，应将绝缘绳、软梯装在工具袋内。

（9）在作业过程中如遇设备突然停电，作业人员应视设备仍然带电。

（10）地面电工严禁在作业点垂直下方活动，塔上电工应防止高空落物，使用的工具、材料应用绳索传递，不得乱扔。

（11）塔上电工上杆塔前，应对脚扣、安全带、登高板等进行检查和冲击试验，全体作业人员必须戴安全帽。

（12）上下杆塔、塔上移动或转位时，作业人员必须双手攀抓牢固构件，且双手不得持带任何工器具，杆塔上作业不得失去安全带的保护。

（13）作业期间，工作监护人应对作业人员进行不间断监护，不得从事其他工作。

（三）110kV 输电线路带电更换子导线间隔棒

1. 作业方法：等电位结合软梯法。

2. 适用范围：适用于更换 110kV 输电线路子导线间隔棒（环）。

3. 人员组合：本作业项目工作人员共计 5 名。其中工作负责人 1 名、等电位电工 1

名、地面电工 3 名。

4. 工具配备一览表见表 2 – 14。

表 2 – 14　　　　　　　　　　　工具配备一览表

序号	工具名称		规格、型号	数量	备注
1	绝缘工具	抛绳器		1 套	
2		绝缘绳	SCJS – 4	1 根	
3		绝缘绳	SCJS – 10	1 根	人身二防用
4		绝缘软梯	110kV	1 套	长度视导线高而定
5		绝缘传递绳	SCJS – 14	1 套	长度视塔高而定
6	个人防护用品	安全带（带二防）		1 套	
7		安全帽		5 顶	
8		屏蔽服		1 套	
9		导电鞋		1 双	
10	辅助安全用具	兆欧表（或绝缘工具测试仪）	5kV	1 块	电极宽 2cm，极间距 2cm
11		防潮毡布	3m×3m	1 块	
12		万用表		1 块	
13		测温风速仪	AVM07	1 台	

5. 按照本次作业现场勘察后编写的现场作业指导

（1）工作前工作负责人向调度申请。内容为："本人为工作负责人×××，×年×月×日需在 110kV ××线路上带电更换导线间隔棒（环），本次作业需停用线路重合闸装置，若遇线路跳闸，不经联系，不得强送。"得到调度许可后，核对线路双重名称和杆号。

（2）全体工作成员列队，工作负责人现场宣读工作票，交代工作任务、安全措施和技术措施；查（问）看工作人员精神状况、着装情况和工器具是否完好齐全。交代危险点和预防措施，明确作业分工、安全措施及注意事项。

（3）地面电工采用兆欧表检测绝缘工具的绝缘电阻，检查承力工具是否完好灵活。屏蔽服不得有破损、金属纤维断丝等缺陷。

（4）地面电工用 SCJS – 4mm 绝缘绳抛过导线，使带有跟头滑车的绝缘传递绳（SCJS – 10mm）挂在导线上。

（5）用 SCJS – 10mm 的绝缘传递绳将带有支架的软梯挂在导线上。

（6）等电位电工穿着全套屏蔽服、导电鞋，屏蔽服内不得穿着化纤类衣服。系好后备保护绳，地面电工负责检查袜裤、裤衣、袖和手套的连接是否完好，用万用表测试袜对手套的连接导通情况。

（7）地面电工控制软梯尾部和后备保护绳，等电位电工攀登软梯至导线下方 0.6m 处左右，向工作负责人申请等电位，得到工作负责人同意后，迅速进入强电场，在导线上系好安全带后，才能解除防坠后备保护绳。

（8）等电位电工至间隔棒（环）处，用绝缘绳将分裂导线固定使其保持原距离。用传递绳将间隔棒传递上进行间隔棒（环）更换，将旧间隔棒（环）传递至地面。

（9）更换完毕后，等电位电工先系好防坠后备保护绳后，解开安全带，沿软梯下退至人站直并手抓导线，向工作负责人申请脱离强电场，许可后快速脱离强电场，平稳下软梯至地面。

（10）地面电工拆除软梯及滑车，整理所有工器具，工作负责人（监护人）清点工器具、清理现场。

（11）工作负责人向调度汇报。内容为：本人为工作负责人×××，110kV ××线路带电更换导线间隔棒（环）工作已结束，人员已撤离，导线上无遗留物，导线间隔棒已恢复原状。

6. 安全措施及注意事项

（1）若在海拔1000m以上地区的线路带电作业时，应根据作业区不同海拔高度，修正各类空气间隙、绝缘工具的安全距离和长度、绝缘子片数等，经本企业总工程师（主管生产领导）批准后执行。

（2）本次作业应经现场勘察并编制带电更换子导线间隔棒的现场作业指导书，经本单位技术负责人或主管生产负责人批准后执行。

（3）作业应在良好天气下进行。如遇雷电（听见雷声、看见闪电）、雪雹、雨雾时不得进行带电作业。风力大于5级（10m/s）时，不宜进行作业。

（4）若需在相对空气湿度大于80%的天气下进行带电作业时，应采用具有防潮性能的绝缘工具。

（5）本次作业不需申请停用线路重合闸装置，但工作前应向调度明确若线路跳闸，不经联系不得强送电的要求。

（6）地面绝缘工具应放置在绝缘垫上，作业人员均应戴清洁干燥手套，摇测绝缘电阻值不得小于700MΩ（电极宽2cm，极间距2cm）。

（7）等电位电工应穿戴全套的屏蔽服（包括帽、衣裤、手套、袜和鞋），且各部分连接良好，用万用表测量袜、手套间连接导通情况，屏蔽服内不得穿着化纤类衣服。

（8）绝缘工器具使用前应用干净毛巾进行表面清洁处理，使用绝缘工具应戴清洁、干燥的手套，防止受潮和污染，收工或转移作业点，应将绝缘绳、软梯装在工具袋内。

（9）在作业过程中如遇设备突然停电，作业人员应视设备仍然带电。

（10）塔上电工上杆塔前，应对脚扣、安全带、登高板等进行检查和冲击试验，全体作业人员必须戴安全帽。

（11）上下杆塔、塔上移动或转位时，作业人员必须双手攀抓牢固构件，且双手不得持带任何工器具，杆塔上作业不得失去安全带的保护。

（12）地面电工严禁在作业点垂直下方活动，塔上电工应防止高空落物，使用的工具、材料应用绳索传递，不得乱扔。

（13）作业期间，工作监护人应对作业人员进行不间断监护，不得从事其他工作。

（四）110kV 输电线路带电安装（更换）导线相间间隔棒

1. 作业方法：等电位结合软梯法。

2. 适用范围：适用于导线水平排列或三角排列的 110kV 输电线路。

3. 人员组合：本作业项目工作人员共计 9 名。其中工作负责人 1 名（监护人）、等电位电工 2 名、地面电工 6 名。

4. 工具配备一览表见表 2-15

表 2-15　　　　　　　　　　　工具配备一览表

序号	工具名称		规格、型号	数量	备注
1	绝缘工具	抛绳器		1 套	
2		绝缘绳	SCJS-4	2 根	
3		绝缘绳	SCJS-10	2 根	人身二防用
4		绝缘软梯	110kV	2 套	长度视导线高而定
5		绝缘传递绳	SCJS-14	2 套	长度视塔高而定
6	个人防护用具	安全带（带二防）		2 套	
7		安全帽		9 顶	
8		屏蔽服		2 套	
9		导电鞋		2 双	
10	辅助安全用具	兆欧表（或绝缘工具测试仪）	5kV	1 块	电极宽 2cm，极间距 2cm
11		防潮毡布	3m×3m	1 块	
12		万用表		1 块	
13		测温风速仪	AVM07	1 台	

5. 按照本次作业现场勘察后编写的现场作业指导

（1）工作前工作负责人向调度申请。内容为："本人为工作负责人×××，×年×月×日需在 110kV ××线路上带电安装导线相间间隔棒，本次作业需停用线路重合闸装置，若遇线路跳闸，不经联系，不得强送。"得到调度许可后，核对线路双重名称和杆号。

（2）全体工作成员列队，工作负责人现场宣读工作票，交代工作任务、安全措施和技术措施；查（问）看工作业人员精神状况、着装情况和工器具是否完好齐全。交代危险点和预防措施，明确作业分工、安全措施及注意事项。

（3）地面电工采用兆欧表检测绝缘工具的绝缘电阻，检查承力工具是否完好灵活，屏蔽服不得有破损、金属纤维断丝等缺陷。

（4）地面电工分别用 SCJS-4mm 绝缘绳抛过导线，使带有跟头滑车的绝缘传递绳（SCJS-10mm）挂在边导线和中相导线相间间隔棒安装位置。

（5）用 SCJS-10mm 的绝缘传递绳将带有支架的软梯挂在导线上。

（6）等电位电工穿着全套屏蔽服、导电鞋，屏蔽服内不得穿着化纤类衣服。系好后备保护绳，地面电工负责检查袜裤、裤衣、袖和手套的连接是否完好，用万用表测试

袜对手套的连接导通情况。

（7）地面电工控制软梯尾部和后备保护绳，等电位电工攀登软梯至导线下方0.6m处左右，向工作负责人申请等电位，得到工作负责人同意后，迅速进入强电场，在导线上系好安全带后，才能解除防坠后备保护绳。

（8）等电位电工滑行至工作位置，与地面电工配合拉上相间间隔棒固定金具，并安装在导线上。

（9）等电位电工与地面电工配合拉上相间间隔棒，两等电位电工相互配合安装好相间间隔棒（先安装好一端，再安装另一端）。

（10）边导线上的等电位电工先系好防坠后备保护绳后，解开安全带，沿软梯下退至人站直并手抓导线，向工作负责人申请脱离强电场，许可后快速脱离强电场，平稳下软梯至地面。地面电工控制好后备保护绳。

（11）等电位电工按上述相同的方法沿软梯进入另一边导线强电场，与中相电工配合安装好另一根相间间隔棒（也可以三名等电位电工同时进行）。

（12）中相及边相等电位电工按上述方法退出强电场至地面。

（13）地面电工拆除工具及保护措施，整理所有工器具，工作负责人（监护人）清点工器具、清理现场。

（14）工作负责人向调度汇报。内容为：本人为工作负责人×××，110kV ××线路带电安装相间间隔棒工作已结束，人员已撤离，塔上、导线上无遗留物，导线、间隔棒等已恢复原状。

（更换旧相间间隔棒与上述方法相同）

6. 安全措施及注意事项

（1）若在海拔1000m以上地区的线路带电作业时，应根据作业区不同海拔高度，修正各类空气间隙、绝缘工具的安全距离和长度、绝缘子片数等，经本企业总工程师（主管生产领导）批准后执行。

（2）本次作业应经现场勘察并编制带电更换导线相间间隔棒的现场作业指导书，经本单位技术负责人或主管生产负责人批准后执行。

（3）作业应在良好天气下进行。如遇雷电（听见雷声、看见闪电）、雪雹、雨雾时不得进行带电作业。风力大于5级（10m/s）时，不宜进行作业。

（4）若需在相对空气湿度大于80%的天气下进行带电作业时，应采用具有防潮性能的绝缘工具。

（5）本次作业不需申请停用线路重合闸装置，但工作前应向调度明确若线路跳闸，不经联系不得强送电的要求。

（6）地面绝缘工具应放置在绝缘垫上，作业人员均应戴清洁干燥手套，摇测绝缘电阻值不得小于700MΩ（电极宽2cm，极间距2cm）。

（7）等电位电工应穿戴全套的屏蔽服（包括帽、衣裤、手套、袜和鞋），且各部分连接良好，用万用表测量袜、手套间连接导通情况，屏蔽服内不得穿着化纤类衣服。

（8）绝缘工器具使用前应用干净毛巾进行表面清洁处理，使用绝缘工具应戴清洁、干燥的手套，防止受潮和污染，收工或转移作业点，应将绝缘绳、软梯装在工具袋内。

（9）在作业过程中如遇设备突然停电，作业人员应视设备仍然带电。

（10）地面电工严禁在作业点垂直下方活动，塔上电工应防止高空落物，使用的工具、材料应用绳索传递，不得乱扔。

（11）保证等电位作业人员对相邻导线的最小距离大于1.4m。

（12）塔上电工上杆塔前，应对脚扣、安全带、登高板等进行检查和冲击试验，全体作业人员必须戴安全帽。

（13）上下杆塔、塔上移动或转位时，作业人员必须双手攀抓牢固构件，且双手不得持带任何工器具，杆塔上作业不得失去安全带的保护。

（14）若三相同时进行时，两边相安装相间间隔棒固定金具时，注意其安装位置与中相一致。

（15）作业期间，工作监护人应对作业人员进行不间断监护，不得从事其他工作。

四、导、地线

110kV输电线路带电修补导线。

1. 作业方法：等电位结合软梯法。

2. 适用范围：适用于修补110kV线路导线断股。

3. 人员组合：本作业项目工作人员共计5名。其中工作负责人1名（监护人）、等电位电工1名、地面电工3名。

4. 工具配备一览表见表2－16。

表2－16 **工具配备一览表**

序号	工具名称		规格、型号	数量	备注
1	绝缘工具	抛绳器		1套	
2		绝缘绳	SCJS－4	1根	
3		绝缘绳	SCJS－10	1根	人身二防用
4		绝缘软梯	110kV	1套	
5		绝缘传递绳	SCJS－14	1套	长度视塔高而定
6	个人防护用品	安全带（带二防）		1套	
7		安全帽		5顶	
8		屏蔽服		1套	
9		导电鞋		1双	
10	辅助安全用具	兆欧表（或绝缘工具测试仪）	5kV	1块	电极宽2cm，极间距2cm
11		防潮毡布	3m×3m	1块	
12		万用表		1块	
13		测温风速仪	AVM07	1台	

5. 按照本次作业现场勘察后编写的现场作业指导

（1）工作前工作负责人向调度申请。内容为："本人为工作负责人×××，×年×月×日需在110kV××线路上带电修补导线，本次作业需停用线路重合闸装置，若遇线路跳闸，不经联系，不得强送。"得到调度许可后，核对线路双重名称和杆号。

（2）全体工作成员列队，工作负责人现场宣读工作票，交代工作任务、安全措施和技术措施；查（问）看工作人员精神状况、着装情况和工器具是否完好齐全。交代危险点和预防措施，明确作业分工、安全措施及注意事项。

（3）工作人员在地面用兆欧表检测绝缘工具的绝缘电阻，检查承力工具是否完好灵活，屏蔽服不得有破损、金属纤维断丝等缺陷。

（4）地面电工用 SCJS – 4mm 绝缘绳抛过导线，使带有跟头滑车的绝缘传递绳（SCJS – 10mm）挂在导线上。

（5）用 SCJS – 10mm 的绝缘传递绳将带有支架的软梯挂在导线上。

（6）等电位电工穿着全套屏蔽服、导电鞋，系好后备保护绳，地面电工负责检查袜裤、裤衣、袖和手套的连接是否完好，用兆欧表测试袜对手套的电阻值。

（7）地面电工控制软梯尾部和后备保护绳，等电位电工攀登软梯至导线下方0.6m处左右，向工作负责人申请进入强电场，得到工作负责人同意后，迅速进入强电场，在导线上系好安全带后，才能解除防坠后备保护绳。

（8）若导线在同一处损伤的程度使导线强度损失部分超过总拉断力的5%且截面积损伤部分不超过总导电部分截面积的7%，用缠绕或补修预绞丝修补；若导线损伤面积为总面积的25%～60%时应采用 C 型补修材料（预绞式接续条、加长型补修管）补修；若导线在同一处损伤的程度使导线强度损失部分超过总拉断力的5%但不足17%，且截面积损伤部分不超过总导电部分截面积的25%，用补修管修补。

（9）缠绕修补时应将受伤处线股处理平整；缠绕材料应为铝单丝，缠绕应紧密，回头应绞紧，处理平整，其中心应位于损伤最严重处，并应将受伤部分全部覆盖，其长度不得小于100mm。

（10）采用预绞丝修补应将受伤处线股处理平整；补修预绞丝长度不得小于3个节距，其中心应位于损伤最严重处并将其全部覆盖。

（11）采用补修管修补应将损伤处的线股先恢复原绞制状态，线股处理平整，补修管的中心应位于损伤最严重处，补修的范围应位于管内各20mm。

（12）地面电工配合等电位电工将清洗好的补修管、装配好压模和机动液压泵的压钳吊至损伤导线处，等电位电工将导线连同补修管放入压接钳内，逐一对模压接。

（13）压接完成后，等电位电工用游标卡尺检验确认六边形的三个对边距符合下列标准：在同一模的六边形中，只允许其中有一个对边距达到公式 $S = 0.866 \times 0.993D + 0.2$（mm）的最大计算值。测量超过应查明原因，另行处理。最后铲除补修管的飞边毛刺，完成修补工作。

（14）修补完毕后，地面电工控制好后备保护绳，等电位电工先系好防坠后备保护绳后，解开安全腰带，沿软梯下退至人站直并手抓导线，向工作负责人申请脱离强电场，许可后迅速脱离强电场，平稳下软梯至地面。。

（15）地面电工拆除工具及保护措施，整理所有工器具，工作负责人（监护人）清点工器具、清理现场。

（16）工作负责人向调度汇报。内容为：本人为工作负责人×××，110kV××线路带电修补导线工作已结束，人员已撤离，塔上、导线上无遗留物，导线等已恢复原样。

6. 安全措施及注意事项

（1）若在海拔 1000m 以上地区的线路带电作业时，应根据作业区不同海拔高度，修正各类空气间隙、绝缘工具的安全距离和长度等，经本企业总工程师（主管生产领导）批准后执行。

（2）本次作业应经现场勘察并编制带电修补导线的现场作业指导书，经本单位技术负责人或主管生产负责人批准后执行。

（3）作业应在良好天气下进行。如遇雷电（听见雷声、看见闪电）、雪雹、雨雾时不得进行带电作业。风力大于 5 级（10m/s）时，不宜进行作业。

（4）若需在相对空气湿度大于 80% 的天气下进行带电作业时，应采用具有防潮性能的绝缘工具。

（5）本次作业不需申请停用线路重合闸装置，但工作前应向调度明确若线路跳闸，不经联系不得强送电的要求。

（6）地面绝缘工具应放置在绝缘垫上，作业人员均应戴清洁干燥手套，摇测绝缘电阻值不得小于 700MΩ（电极宽 2cm，极间距 2cm）。

（7）等电位电工应穿戴全套的屏蔽服（包括帽、衣裤、手套、袜和鞋），且各部分连接良好，用万用表测量最远两点电阻不大于 20Ω，屏蔽服内不得穿着化纤类衣服。

（8）绝缘工器具使用前应用干净毛巾进行表面清洁处理，使用绝缘工具应戴清洁、干燥的手套，防止受潮和污染，收工或转移作业点，应将绝缘绳、软梯装在工具袋内。

（9）在作业过程中如遇设备突然停电，作业人员应视设备仍然带电。

（10）地面电工严禁在作业点垂直下方活动，塔上电工应防止高空落物，使用的工具、材料应用绳索传递，不得乱扔。

（11）保证等电位作业人员及材料对相邻导线的最小距离大于 1.4m。

（12）导线损伤后能否悬挂软梯应根据损伤情况及钢芯型号进行验算。

（13）采用爆压修补导线时，引爆系统必须用锡泊纸包好屏蔽，以防在强电场下自爆；地面电工在引爆前必须撤到安全区；导爆索、雷管等应有专人分开保管，确保安全；保证爆炸点对地及相间的安全距离大于 2.5m。

（14）塔上电工上杆塔前，应对脚扣、安全带、登高板等进行检查和冲击试验，全体作业人员必须戴安全帽。

（15）上下杆塔、塔上移动或转位时，作业人员必须双手攀抓牢固构件，且双手不得持带任何工器具，杆塔上作业不得失去安全带的保护。

（16）作业期间，工作监护人应对作业人员进行不间断监护，不得从事其他工作。

第三节 220kV 输电线路带电作业操作方法

一、直线绝缘子串

（一）220kV 输电线路带电更换悬垂绝缘子串（滑轮组法）

1. 作业方法：地电位结合滑轮组法。

2. 适用范围：适用于 220kV 悬垂绝缘子整串的更换工作。

3. 人员组合：本作业项目工作人员共计 6 名。其中工作负责人 1 名（监护人）、塔上电工 2 名、地面电工 3 名。

4. 工具配备一览表见表 2 – 17。

表 2 – 17　　　　　　　　　　　工具配备一览表

序号	工具名称		规格、型号	数量	备注
1	绝缘工具	绝缘传递绳	φ10mm	1 根	视作业杆塔高度定
2		3 – 3 绝缘滑轮组	3T	1 套	配绝缘绳索
3		高强度绝缘绳	φ32mm	1 根	导线后备保护绳
4		绝缘操作杆	φ30×3m	1 根	
5		绝缘绳套	φ20mm	2 只	
6	金属工具	提线器	2T	1 套	分裂导线适用
7		取销器		1 套	★
8		分布电压或绝缘电阻检测仪		1 个	瓷质绝缘子用
9		碗头扶正器		1 套	★
10		滑轮组横担固定器		1 个	
11	个人防护用具	绝缘安全带		3 根	备用一根
12		安全帽		6 顶	
13	辅助安全用具	兆欧表	5kV	1 块	电极宽 2cm 极间距 2cm
14		万用表		1 块	测量屏蔽服用
15		防潮毡布	3m×3m	1 块	
16		测湿风速仪	AVM07	1 台	
17		脚扣		2 副	砼杆时用
18		工具袋		2 只	装绝缘工具用

注：采用火花间隙测零时每次检测前应用专用塞尺按 DL415 要求测量放电间隙尺寸。

5. 按照本次作业现场勘察后编写的现场作业指导

（1）工作负责人向电网调度员申请开工，内容为："本人为工作负责人×××，×年×月×日需在220kV ××线路上更换绝缘子作业，本次作业申请停用线路重合闸装置，若遇线路跳闸，不经联系，不得强送。"得到调度许可，核对线路双重名称和杆号。

（2）全体工作成员列队，工作负责人现场宣读工作票，交代工作任务、安全措施和技术措施；查（问）看工作人员精神状况、着装情况和工器具是否完好齐全；交代危险点和预防措施，明确作业分工、安全措施及注意事项。

（3）工作人员采用兆欧表检测绝缘工具的绝缘电阻，检查承力工具是否完好灵活，组装绝缘滑车组。

（4）塔上1号电工携带绝缘传递绳登塔至横担处，系、挂好安全带，将绝缘滑车和绝缘传递绳在横担作业适当位置安装好。塔上2号电工随后登塔。

（5）若是盘形瓷质绝缘子串，地面电工把分布电压（绝缘电阻）检测仪及绝缘操作杆组装好后用绝缘传递绳传递给塔上2号电工，2号电工检测所要更换绝缘子串的零值绝缘子，扣除人体短接和零值（自爆）绝缘子后，良好绝缘子片数不得少于9片（结构高度146mm）。

（6）塔上电工与地面电工相互配合，将绝缘3-3滑轮组在横担固定器、导线保护绝缘绳传递至工作位置。

（7）塔上2号电工在导线水平位置，系、挂好安全带，地面电工与塔上1号电工相互配合安装好绝缘3-3滑轮组和导线后备保护绳，导线后备保护绳的保护裕度（长度）应控制合理。

（8）塔上2号电工用操作杆取出导线侧碗头弹簧销后，在工作负责人的指挥下，地面电工配合用绝缘承力工具提升导线，塔上2号电工用操作杆脱离绝缘子串与导线侧碗头的连接。

（9）在地面电工配合下将导线下落约300mm（双联串时下落至自然受力位置），塔上1号电工在横担侧第二片绝缘子处系好绝缘传递绳，并取出横担侧绝缘子弹簧销。

（10）塔上1号电工与地面电工相互配合操作绝缘传递绳，将旧的绝缘子串放下，同时新绝缘子串跟随至工作位置，注意控制好空中上、下两串绝缘子串的位置，防止发生相互碰撞。

（11）塔上1号电工安装好新绝缘子横担侧弹簧销，地面电工提升导线配合塔上2号电工用操作杆安装好导线侧球头与碗头并恢复弹簧销。

（12）塔上电工检查绝缘子串弹簧销连接情况，并检查确保连接可靠。

（13）报经工作负责人同意后，塔上电工拆除绝缘3-3滑轮组及导线后备保护绳，依次传递至地面。

（14）塔上电工检查塔上无遗留工具后，汇报工作负责人，得到同意后背绝缘传递绳平稳下塔。

（15）地面电工整理所有工器具，工作负责人（监护人）清点工器具、清理现场。

（16）工作负责人向调度汇报。内容为：本人为工作负责人×××，220kV ××线

路带电更换直线悬垂绝缘子串工作已结束，塔上人员已撤离，塔上、线上无遗留物，导线、绝缘子和金具等已恢复原状，可恢复线路重合闸。

6. 安全措施及注意事项

（1）若在海拔1000m以上地区的线路带电作业时，应根据作业区不同海拔高度，修正各类空气间隙、绝缘工具的安全距离和长度、绝缘子片数等，经本企业总工程师（主管生产领导）批准后执行。

（2）本次作业应经现场勘察并编制带电更换悬垂整串绝缘子的现场作业指导书，经本单位技术负责人或主管生产负责人批准后执行。

（3）作业应在良好天气下进行。如遇雷电（听见雷声、看见闪电）、雪雹、雨雾时不得进行带电作业。风力大于5级（10m/s）时，不宜进行作业。

（4）若需在相对空气湿度大于80%的天气下进行带电作业时，应采用具有防潮性能的绝缘工具。

（5）本作业需向调度明确若线路跳闸，不经联系不得强送电。

（6）杆塔上电工与带电体的安全距离不小于1.8m。

（7）绝缘承力工具安全长度不小于1.8m，绝缘操作杆的有效长度不小于2.1m。

（8）对盘形瓷质绝缘子，作业前应采用检测装置带电检测绝缘子串，扣除人体短接和零值（自爆）绝缘子片数后，良好绝缘子片数不少于9片（结构高度146mm）。

（9）绝缘承力工具受力后，须经检查确认安全可靠后方可脱离绝缘子串。本次作业必须加装导线后备保护绳。

（10）导线侧绝缘子串未摘开前，严禁塔上电工徒手无安全措施摘开横担侧绝缘子串连接，以防止电击伤人。

（11）地面绝缘工具应放置在防潮毡布上，作业人员均应戴清洁干燥手套，摇测绝缘电阻值不得小于700MΩ（电极宽2cm，极间距2cm）。

（12）绝缘工器具使用前应用干净毛巾进行表面清洁处理，使用绝缘工具应戴清洁、干燥的手套，防止受潮和污染，收工或转移作业点，应将绝缘绳、软梯装在工具袋内。

（13）新复合绝缘子必须检查并按说明书安装好均压环，若是盘形绝缘子应用干净毛巾进行表面清洁处理，瓷质绝缘子应摇测绝缘电阻值不小于500MΩ。

（14）在杆塔上作业过程中如遇设备突然停电，作业人员应视设备仍然带电。

（15）塔上电工上杆塔前，应对登高工具和安全带进行检查和冲击试验，全体作业人员必须戴安全帽。

（16）上下杆塔或塔上移位时，作业人员必须攀抓牢固构件，且双手不得持带任何器材。

（17）杆塔上作业不得失去安全保护。

（18）地面电工严禁在作业点垂直下方逗留，塔上电工应防止高空落物，使用的工具、材料应用绳索传递，不得乱扔。

（19）作业期间，工作监护人应对作业人员进行不间断监护，不得从事其他工作。

（二）220kV 输电线路带电更换悬垂绝缘子串（紧线杆法）

1. 作业方法：地电位与等电位结合紧线杆法。

2. 适用范围：适用于 220kV 输电线路悬垂双联任意串绝缘子更换。

3. 人员组合：本作业项目工作人员共计 6 名，其中：工作负责人 1 名（监护人）、塔上电工 1 名、等电位电工 1 名、地面电工 3 名。

4. 工具配备一览表见表 2－18。

表 2－18 工具配备一览表

序号	工器具名称		规格、型号	数量	备注
1	绝缘工具	绝缘传递绳	φ10mm	2 根	视作业杆塔高度定
2		高强度绝缘人身防坠绳	φ14mm	1 根	视作业杆塔高度定
3		绝缘滑车	0.5T	2 个	
4		绝缘紧线杆	220kV	1 副	
5		绝缘操作杆	φ30×2.5m	1 根	
6		绝缘软梯及软梯头		1 副	视作业杆塔高度定
7	金属工具	横担卡具	30kN	1 套	
8		紧线丝杠	220kV	1 根	
9		分布电压或绝缘电阻检测仪		1 个	瓷质绝缘子用
10	个人防护用具	绝缘安全带		3 根	备用一根
11		屏蔽服		1 套	
12		导电鞋		1 双	
13		安全帽		6 顶	
14	辅助安全用具	防潮毡布	3m×3m	1 块	
15		万用表		1 块	检测屏蔽服连接良好
16		兆欧表	5kV	1 块	电极宽2cm，极间距2cm
17		工具袋		2 只	

注：采用火花间隙测零时，每次检测前应用专用塞尺按 DL415 要求测量间隙尺寸。

5. 按照本次作业现场勘察后编写的现场作业指导

（1）工作负责人向电网调度员申请开工，内容为："本人为工作负责人×××，×年×月×日需在220kV ××线路上更换劣化绝缘子作业，本次作业需停用线路重合闸装置，若遇线路跳闸，不经联系，不得强送。"得到调度许可，核对线路双重名称和杆号。

（2）全体工作成员列队，工作负责人现场宣读工作票，交代工作任务、安全措施和技术措施；查（问）看工作人员精神状况、着装情况和工器具是否完好齐全。交代危险点和预防措施，明确作业分工、安全措施及注意事项。

（3）地面电工采用兆欧表检测绝缘工具的绝缘电阻，检查丝杆、卡具、软梯等工具是否完好齐全、屏蔽服不得有破损等缺陷。

（4）塔上电工携带绝缘传递绳登塔至横担处，系、挂好安全带，将绝缘滑车和绝缘传递绳在作业横担适当位置安装好。

（5）若是盘形瓷质绝缘子串，地面电工将瓷瓶电压分布仪及绝缘操作杆组装好后用绝缘传递绳传递给塔上电工，塔上电工检测所要更换绝缘子串的分布电压（绝缘电阻）值，扣除人体短接和零值（自爆）绝缘子后，良好绝缘子片数不得少于9片（结构高度146mm）。

（6）塔上电工与地面电工相互配合，将绝缘软梯吊挂在导线（或横担头）上，并在地面冲击试验软梯后控制固定好，同时挂好绝缘高强度防坠落绳。

（7）等电位电工穿着全套屏蔽服、导电鞋，屏蔽服内不得穿着化纤类衣服。地面电工负责检查袜裤、裤衣、袖和手套的连接是否完好，用万用表测试袜、裤、衣、手套等导通情况。

（8）等电位电工系好防坠落绳，地面电工控制软梯尾部和防坠落保护绳，等电位电工攀登软梯至导线下方0.6m处左右，向工作负责人申请等电位，得到工作负责人同意后，快速抓住进入带电体，在导线上扣好安全带后才能解除防坠保护绳。

（9）塔上电工与地面电工相互配合，将紧线丝杠、绝缘紧线杆、横担卡具等传递至工作位置。

（10）塔上电工与等电位相互配合将端部卡具、紧线丝杠及绝缘紧线杆安装好并钩住导线。

（11）塔上电工将绝缘传递绳拴在盘形绝缘子串横担下方的第2和第3片之间（复合绝缘子相同位置），地面电工控制这一端的尾绳，另一地面电工在地面将传递绳的另一端拴住新的绝缘子串相同的位置。

（12）塔上电工收紧紧线丝杠，使悬垂绝缘子串松弛。等电位电工手抓绝缘紧线杆冲击检查无误并报经工作负责人同意后，拆除碗头处的弹簧销，将绝缘子串与碗头脱离。

（13）塔上电工在横担侧第二片绝缘子处系好绝缘传递绳，拔除横担侧球头连接处的绝缘子锁紧销，地面电工收紧传递绳将更换绝缘子串提升，塔上电工摘开横担侧球头。

（14）地面两电工相互配合操作两侧绝缘传递绳，将旧的绝缘子串放下，同时新绝缘子串跟随至工作位置，控制好空中上、下两串绝缘子的位置，防止发生相互碰撞。

（15）塔上电工和地面电工相互配合，恢复新绝缘子串横担侧球头挂环的连接，并安好弹簧销。

（16）等电位电工和塔上电工相互配合，收紧调整紧线丝杠，恢复绝缘子串导线侧的碗头挂板连接，并安好弹簧销。

（17）塔上电工松开丝杠，使绝缘子串恢复完全受力状态，等电位电工和塔上电工检查并冲击新绝缘子串的安装受力情况。

（18）报经工作负责人同意后，塔上电工拆除紧线丝杠和绝缘紧线杆等传至地面。

（19）等电位电工系好高强度防坠落绳后，解开安全带，沿软梯下退至人站直并手抓导线，向工作负责人申请脱离电位，许可后应快速脱离电位，地面电工控制好防坠落保护绳，等电位电工解开安全小带后沿绝缘软梯回落地面。

（20）塔上电工和地面电工相互配合，将绝缘软梯脱开导线并下传至地面。

（21）塔上电工检查确认塔上无遗留工具后，汇报工作负责人，得到同意后背绝缘传递绳平稳下塔。

（22）地面电工整理所用工器具，工作负责人（监护人）清点工器具。

（23）工作负责人向调度汇报，内容为：本人为工作负责人×××，220kV ××线路带电更换直线悬垂绝缘子串工作已结束，塔上人员已撤离，塔上、线上无遗留物，导线、绝缘子和金具等已恢复原状。

6. 安全措施及注意事项

（1）若在海拔1000m以上地区作业时，应根据作业区的实际海拔高度，计算修正各类空气间隙、绝缘工具的安全距离和长度、绝缘子片数等，经本企业总工程师（主管生产领导）批准后执行。

（2）本次作业应经现场勘察并编制带电更换悬垂整串绝缘子的现场作业指导书，经本单位技术负责人或主管生产负责人批准后执行。

（3）作业应在良好天气下进行。如遇雷电（听见雷声、看见闪电）、雪雹、雨雾时不得进行带电作业。风力大于5级（10m/s）时，不宜进行作业。

（4）若需在相对空气湿度大于80%的天气下进行带电作业时，应采用具有防潮性能的绝缘工具。

（5）本次作业不需停用线路重合闸装置，但工作前应向调度明确若线路跳闸，不经联系不得强送电的要求。

（6）杆塔上电工与带电体的安全距离不小于1.8 m。作业中等电位人员头部不得超过2片绝缘子，等电位人员转移电位时人体裸露部分与带电体应保证0.3 m。

（7）绝缘承力工具安全长度不小于1.8 m，绝缘操作杆的有效长度不小于2.1 m。

（8）对盘形瓷质绝缘子，作业前应采用电压分布（或绝缘电阻）检测仪带电检测绝缘子串，扣除人体短接和零值（自爆）绝缘子片数后，良好绝缘子片数不少于9片（结构高度146mm）。

（9）绝缘承力工具受力后，须经检查确认安全可靠后方可脱离绝缘子串。

（10）导线侧绝缘子串未摘开前，严禁塔上电工徒手无安全措施摘开横担侧绝缘子串连接，以防止电击伤人。

（11）地面绝缘工具应放置在绝缘垫上，作业人员均应戴清洁干燥手套，摇测绝缘电阻值不得小于700MΩ（电极宽2cm，极间距2cm）。

（12）等电位电工应穿戴全套合格的屏蔽服（包括帽、衣裤、手套、袜和导电鞋），且各部分连接良好。屏蔽服内不得穿着化纤类衣服。

（13）绝缘工器具使用前应用干净毛巾进行表面清洁处理，使用绝缘工具应戴清

洁、干燥的手套，防止受潮和污染，收工或转移作业点，应将绝缘绳、软梯装在工具袋内。

（14）新复合绝缘子必须检查并按说明书安装好均压环，若是盘形绝缘子应用干净毛巾进行表面清洁处理，瓷质绝缘子应摇测绝缘电阻值不小于500MΩ。

（15）在杆塔上作业过程中如遇设备突然停电，作业人员应视设备仍然带电。

（16）塔上电工上杆塔前，应对脚扣、安全带、登高板等进行检查和冲击试验，全体作业人员必须戴安全帽。

（17）上下杆塔、塔上移动或转位时，作业人员必须双手攀抓牢固构件，且双手不得持带任何工器具，杆塔上作业不得失去安全带的保护。

（18）地面电工严禁在作业点垂直下方活动，塔上电工应防止高空落物，使用的工具、材料应用绳索传递，不得乱扔。

（19）作业期间，工作监护人应对作业人员进行不间断监护，不得从事其他工作。

图 2-2 220kV 输电线路带电更换悬垂绝缘子串

（三）220kV 输电线路带电更换直线悬垂绝缘子串

1. 作业方法：地电位与等电位结合滑轮组法。

2. 适用范围：适用于 220kV 输电线路更换直线单联整串绝缘子。

3. 人员组合：本作业项目工作人员共计 6 名。其中工作负责人 1 名（监护人）、塔上电工 1 名、等电位电工 1 名、地面电工 3 名。

4. 工具配备一览表见表 2-19。

表2-19　　　　　　　　　　　　工具配备一览表

序号	工具名称		规格、型号	数量	备注
1	绝缘工具	绝缘绳套	SCJS-22	2根	
2		绝缘承力工具（绝缘滑轮组）	2T	1套	
3		导线绝缘保护绳	110kV	1根	
4		测零杆	110kV	1根	
5		绝缘软梯	110kV	1套	
6		绝缘挑杆		1套	
7		绝缘绳	SCJS-4	1	
8		绝缘绳	SCJS-10	1	人身二防用
9		绝缘传递绳	SCJS-14	2套	长度视塔高而定
10	金属工具	提线器	2T	1套	分裂导线适用
11		拔销钳		1套	
12		分布电压或绝缘电阻检测仪		1个	瓷质绝缘子用
13		跟头滑车		1个	
14	个人防护用具	安全带（带二防）		2套	
15		安全帽		6顶	
16		屏蔽服		1套	
17		导电鞋		1双	
18	辅助安全用具	兆欧表（或绝缘工具测试仪）	5kV	1块	电极宽2cm，极间距2cm
19		防潮毡布	3m×3m	1块	
20		万用表		1块	
21		测温风速仪	AVM07	1台	

注：采用火花间隙测零时，每次检测前应用专用塞尺按DL415要求测量放电间隙尺寸。

5. 按照本次作业现场勘察后编写的现场作业指导

（1）工作前工作负责人向调度申请。内容为："本人为工作负责人×××，×年×月×日需在220kV ××线路上带电更换直线悬垂绝缘子串，申请停用线路重合闸装置，若遇线路跳闸，不经联系，不得强送。"得到调度许可后，核对线路双重名称和杆号。

（2）全体工作成员列队，工作负责人现场宣读工作票，交代工作任务、安全措施和技术措施；查（问）看工作人员精神状况、着装情况和工器具是否完好齐全。交代危险点和预防措施，明确作业分工、安全措施及注意事项。

（3）地面电工采用兆欧表检测绝缘工具的绝缘电阻，检查承力工具是否完好灵活，屏蔽服不得有破损、金属纤维断丝等缺陷。

（4）塔上电工带传递绳登塔至横担合适位置，系、挂好安全带，将绝缘滑车及绝缘传递绳悬挂在适当位置。

（5）若是盘形瓷质绝缘子串，地面电工将绝缘子零值检测仪及绝缘操作杆组装好后用绝缘传递绳传递给塔上电工，塔上电工利用测零杆进行绝缘子零值检测，检测所要更换绝缘子串的零值绝缘子，扣除人体短接和零值（自爆）绝缘子后，良好绝缘子片数不得少于 9 片（结构高度 146mm）。

（6）地面电工用绝缘绳将跟头滑车的绝缘传递绳传至塔上，塔上电工将带有跟头滑车的绝缘传递绳（SCJS－10mm）挂在导线上，地面电工将软梯吊挂在导线上，并在地面冲击检查试验。

（7）等电位电工穿着全套屏蔽服、导电鞋，屏蔽服内不得穿着化纤类衣服。地面电工负责检查袜裤、裤衣、袖和手套的连接是否完好，用万用表测试袜对手套的连接导通情况。

（8）地面电工控制软梯尾部，等电位电工系好防坠保护绳后攀登软梯至导线下方 0.6m 处左右，向工作负责人申请等电位，得到工作负责人同意后，快速抓住进入带电体，在导线上系好安全带后，才能解除防坠保护绳。

（9）塔上电工与地面电工配合传递上绝缘滑轮组及导线保护绳，并将其固定好。

（10）地面电工收紧绝缘滑轮组提升导线，使绝缘子串松弛，等电位电工用拔销钳取出碗头处弹簧销，并使之与导线分离。同时塔上电工与地面电工配合使导线下降 200～300mm。

（11）地面两电工相互配合操作两侧绝缘传递绳，将旧的绝缘子串放下，同时将新绝缘子串传递到工作位置，控制好空中上、下两串绝缘子的位置，防止发生相互碰撞。

（12）塔上电工和地面电工相互配合，恢复新绝缘子串横担侧球头挂环的连接，并安好弹簧销。

（13）等电位电工和塔上电工相互配合，收紧滑轮组，恢复绝缘子串导线侧的碗头挂板连接，并安好锁紧销。

（14）松开滑轮组，使绝缘子串恢复完全受力状态，等电位电工和塔上电工检查并冲击新绝缘子串的安装受力情况。

（15）报经工作负责人同意后，等电位电工准备退出强电场。

（16）等电位电工系好防坠保护绳后，解开安全带，沿软梯下退至人站直并手抓导线，向工作负责人申请脱离电位，许可后快速脱离电位，地面电工控制好防坠落保护绳，等电位电工沿绝缘软梯回落地面。

（17）塔上电工拆除工具及保护措施，检查塔上无遗留工具后，汇报工作负责人，得到同意后背绝缘传递绳平稳下塔。

（18）地面电工整理所有工器具，工作负责人（监护人）清点工器具、清理现场。

（19）工作负责人向调度汇报。内容为：本人为工作负责人×××，220kV ××线路带电更换直线悬垂绝缘子串工作已结束，人员已撤离，塔上、导线上无遗留物，导线、绝缘子和金具等已恢复原状，可恢复线路重合闸装置。

6. 安全措施及注意事项

（1）若在海拔 1000m 以上地区作业时，应根据作业区的实际海拔高度，计算修正各类空气间隙、绝缘工具的安全距离和长度、绝缘子片数等，经本企业总工程师（主管生产领导）批准后执行。

（2）本次作业应经现场勘察并编制带电更换悬垂整串绝缘子的现场作业指导书，经本单位技术负责人或主管生产负责人批准后执行。

（3）作业应在良好天气下进行。如遇雷电（听见雷声、看见闪电）、雪雹、雨雾时不得进行带电作业。风力大于 5 级（10m/s）时，不宜进行作业。

（4）若需在相对空气湿度大于 80% 的天气下进行带电作业时，应采用具有防潮性能的绝缘工具。

（5）本次作业需停用线路重合闸装置，同时向调度明确若线路跳闸，不经联系不得强送电的要求。

（6）杆塔上电工与带电体的安全距离不小于 1m。作业中等电位人员头部不得超过 2 片绝缘子，等电位人员转移电位时人体裸露部分与带电体应保证 0.3m。

（7）绝缘承力工具安全长度不小于 1.8m，绝缘操作杆的有效长度不小于 2.1m。

（8）对盘形瓷质绝缘子，作业前应采用电压分布（或绝缘电阻）检测仪带电检测绝缘子串，扣除人体短接和零值（自爆）绝缘子片数后，良好绝缘子片数不少于 9 片（结构高度 146mm）。

（9）绝缘承力工具受力后，须经检查确认安全可靠后方可脱离绝缘子串。

（10）导线侧绝缘子串未摘开前，严禁塔上电工徒手无安全措施摘开横担侧绝缘子串连接，以防止电击伤人。

（11）地面绝缘工具应放置在绝缘垫上，作业人员均应戴清洁干燥手套，摇测绝缘电阻值不得小于 700MΩ（电极宽 2cm，极间距 2cm）。

（12）等电位电工应穿戴全套合格的屏蔽服（包括帽、衣裤、手套、袜和导电鞋），且各部分连接良好。屏蔽服内不得穿着化纤类衣服。

（13）绝缘工器具使用前应用干净毛巾进行表面清洁处理，使用绝缘工具应戴清洁、干燥的手套，防止受潮和污染，收工或转移作业点，应将绝缘绳、软梯装在工具袋内。

（14）新复合绝缘子必须检查并按说明书安装好均压环，若是盘形绝缘子应用干净毛巾进行表面清洁处理，瓷质绝缘子应摇测绝缘电阻值不小于 500MΩ。

（15）在杆塔上作业过程中如遇设备突然停电，作业人员应视设备仍然带电。

（16）塔上电工上杆塔前，应对脚扣、安全带、登高板等进行检查和冲击试验，全体作业人员必须戴安全帽。

（17）上下杆塔、塔上移动或转位时，作业人员必须双手攀抓牢固构件，且双手不得持带任何工器具，杆塔上作业不得失去安全带的保护。

（18）地面电工严禁在作业点垂直下方活动，塔上电工应防止高空落物，使用的工具、材料应用绳索传递，不得乱扔。

（19）作业期间，工作监护人应对作业人员进行不间断监护，不得从事其他工作。

（20）所列承力工器具受力按双 300 导线、垂直挡 600m 为临界值考虑的，导线型号或垂直挡距超出临界值时应另行校核选择。

二、耐张绝缘子串

220kV 输电线路带电更换耐张整串绝缘子。

1. 作业方法：地电位与等电位结合卡具法

2. 适用范围：适用于更换 220kV 耐张整串绝缘子。

3. 人员组合：本作业项目工作人员共计 7 名。其中工作负责人 1 名（监护人）、塔上电工 2 名、等电位电工 1 名、地面电工 3 名。

4. 工具配备一览表见表 2 - 20。

表 2 - 20　　　　　　　　　　　　　工具配备一览表

序号		工具名称	规格、型号	数量	备注
1	绝缘工具	绝缘绳套	SCJS - 22	2 根	
2		托瓶架	110kV	1 付	
3		拉板	110kV	1 付	
4		高强度绝缘保护绳	φ302mm	1 根	导线后备保护绳
5		绝缘操作杆	φ30mm×2500mm	2 根	
6		测零杆	110kV	1 根	
7		绝缘软梯	110kV	1 套	
8		绝缘传递绳	SCJS - 14	2 套	长度视塔高而定
9		绝缘传递绳	SCJS - 10	1 根	人身二防用
10		绝缘小绳	SCJS - 4	1 根	
11		分布电压或绝缘电阻检测仪		1 套	瓷质绝缘子用
12		大刀卡具	NDK36 - Ⅲ	1 套	用于更换双串耐张
13		跟头滑车		1 个	挂软梯用
14	个人防护用具	安全带（带二防）		3 套	
15		安全帽		7 顶	
16		屏蔽服	C 型	1 套	
17		导电鞋		1 双	
18	辅助安全用具	兆欧表（或绝缘工具测试仪）	5kV	1 块	电极宽 2cm，极间距 2cm
19		防潮毡布	3m×3m	1 块	
20		万用表		1 块	
21		测温风速仪	AVM07	1 台	

注：采用火花间隙测零时，每次检测前应用专用塞尺按 DL415 要求测量放电间隙尺寸。

5. 按照本次作业现场勘察后编写的现场作业指导书程序

（1）工作前工作负责人向调度申请。内容为："本人为工作负责人×××，×年×月×日需在 220kV ××线路上带电更换耐张绝缘子串，申请停用线路重合闸装置，若遇线路跳闸，不经联系，不得强送。"得到调度许可后，核对线路双重名称和杆号。

（2）全体工作成员列队，工作负责人现场宣读工作票，交代工作任务、安全措施和技术措施；查（问）看工作人员精神状况、着装情况和工器具是否完好齐全。交代危险点和预防措施，明确作业分工、安全措施及注意事项。

（3）地面电工采用兆欧表检测绝缘工具的绝缘电阻，检查承力工具是否完好灵活，屏蔽服不得有破损、金属纤维断丝等缺陷。

（4）塔上1号电工登塔至横担处，系、挂好安全带，将绝缘滑车及绝缘传递绳悬挂在适当位置。

（5）若是盘形瓷质绝缘子串，地面电工将绝缘子零值检测仪及绝缘操作杆组装好后用绝缘传递绳传递给塔上电工，塔上1号电工利用测零杆进行绝缘子零值测量，检测所要更换绝缘子串的零值绝缘子，扣除人体短接和零值（自爆）绝缘子后，良好绝缘子片数不得少于9片。

（6）塔上1号电工用操作杆将绝缘软梯挂在导线上，地面电工配合挂好绝缘软梯。

（7）等电位电工穿着全套屏蔽服、导电鞋，屏蔽服内不得穿着化纤类衣服。地面电工负责检查衣、裤、袜、袖和手套的连接是否完好，用万用表测试袜对手套的连接导通情况。

（8）等电位电工系好防坠保护绳，地面电工控制软梯尾部和防坠保护绳，等电位电工攀登软梯至导线下方0.6m处左右，向工作负责人申请等电位，得到工作负责人同意后，迅速进入带电体，在导线上系好安全带后，才能解除防坠保护绳。

（9）地面电工将卡具传至塔上和导线侧，塔上1号电工与等电位电工将卡具安装好，塔上1号电工同时调整丝杠、安装好导线后备保护绳，导线后备保护绳的保护裕度（长度）应控制合理。

（10）塔上1号电工与等电位电工配合安装好托瓶架。

（11）等电位电工将弹簧销取出。

（12）塔上1号电工收紧丝杠，使卡具受力，等电位电工将绝缘子串导线端脱开，地面电工配合将脱开绝缘子串利用拖瓶架将绝缘子串慢慢放落垂直。1号电工将绝缘钩挂在绝缘子串横担数第2和第3片绝缘子中，地面电工收紧传递绳，1号电工将横担侧绝缘子串脱开。

（13）上、下电工配合将绝缘子串用传递绳传递下，同时把新绝缘子串拉上。

（14）新绝缘子串的安装程序与上述相反。

（15）装好两端弹簧销，塔上电工松开丝杠，检查绝缘子串受力。

（16）报经工作负责人同意后，等电位电工与塔上电工配合拆除工器具，准备退出强电场。

（17）等电位电工系好防坠保护绳后解开安全带，沿软梯下退至人站直并手抓导线，向工作负责人申请脱离强电场，许可后快速脱离强电场，平稳下软梯至地面。

（18）塔上电工拆除塔上工具及保护措施，检查塔上无遗留工具后，汇报工作负责人，得到同意后背绝缘传递绳平稳下塔。

（19）地面电工整理所有工器具，工作负责人（监护人）清点工器具、清理现场。

（20）工作负责人向调度汇报。内容为：本人为工作负责人×××，220kV ××线路带电更换耐张绝缘子串工作已结束，人员已撤离，塔上、导线上无遗留物，导线、绝缘子和金具等已恢复原状，可恢复线路重合闸装置。

6. 安全措施及注意事项

（1）若在海拔1000m以上地区作业时，应根据作业区的实际海拔高度，计算修正各类空气间隙、绝缘工具的安全距离和长度、绝缘子片数等，经本企业总工程师（主管生产领导）批准后执行。

（2）本次作业应经现场勘察并编制带电更换耐张整串绝缘子的现场作业指导书，经本单位技术负责人或主管生产负责人批准后执行。

（3）作业应在良好天气下进行。如遇雷电（听见雷声、看见闪电）、雪雹、雨雾时不得进行带电作业。风力大于5级（10m/s）时，不宜进行作业。

（4）若需在相对空气湿度大于80%的天气下进行带电作业时，应采用具有防潮性能的绝缘工具。

（5）本次作业需申请停用线路重合闸装置（双串可不申请停用重合闸），同时向调度明确若线路跳闸，不经联系不得强送电的要求。

（6）杆塔上电工与带电体的安全距离不小于1.8m。

（7）绝缘承力工具安全长度不小于1.8m，绝缘操作杆的有效长度不小于2.1m。

（8）对盘形瓷质绝缘子，作业前应采用电压分布（或绝缘电阻）检测仪带电检测绝缘子串，扣除人体短接和零值（自爆）绝缘子片数后，良好绝缘子片数不少于9片（结构高度146mm）。

（9）绝缘承力工具受力后，须经检查确认安全可靠后方可脱离绝缘子串。

（10）导线侧绝缘子串未摘开前，严禁塔上电工徒手无安全措施摘开横担侧绝缘子串连接，以防止电击伤人。

（11）地面绝缘工具应放置在绝缘垫上，作业人员均应戴清洁干燥手套，摇测绝缘电阻值不得小于700MΩ（电极宽2cm，极间距2cm）。

（12）等电位电工应穿戴全套的屏蔽服（包括帽、衣裤、手套、袜和鞋），且各部分连接良好，用万用表测量袜、手套间连接导通情况，屏蔽服内不得穿着化纤类衣服。

（13）绝缘工器具使用前应用干净毛巾进行表面清洁处理，使用绝缘工具应戴清洁、干燥的手套，防止受潮和污染，收工或转移作业点，应将绝缘绳、软梯装在工具袋内。

（14）新复合绝缘子必须检查并按说明书安装好均压环，若是盘形绝缘子应用干净毛巾进行表面清洁处理，瓷质绝缘子应摇测绝缘电阻值不小于500MΩ。

（15）在杆塔上作业过程中如遇设备突然停电，作业人员应视设备仍然带电。

（16）塔上电工上杆塔前，应对脚扣、安全带、登高板等进行检查和冲击试验，全体作业人员必须戴安全帽。

（17）登塔、塔上移动或转位时，作业人员必须双手攀抓牢固构件，且双手不得持带任何工器具，杆塔上作业不得失去安全带的保护。

（18）地面电工严禁在作业点垂直下方活动，塔上电工应防止高空落物，使用的工具、材料应用绳索传递，不得乱扔。

（19）作业期间，工作监护人应对作业人员进行不间断监护，不得从事其他工作。

三、金具及附件

（一）220kV 输电线路带电更换导线悬垂线夹

1. 作业方法：地电位与等电位结合滑轮组法。

2. 适用范围：适用于更换 220kV 输电线路单联导线悬垂线夹。

3. 人员组合：本作业项目工作人员共计 5 名。其中工作负责人 1 名（监护人）、塔上电工 1 名、等电位电工 1 名、地面电工 2 名。

4. 工具配备一览表见表 2 – 21。

表 2 – 21　　　　　　　　　　工具配备一览表

序号	工具名称		规格、型号	数量	备注
1	绝缘工具	绝缘绳套	SCJS – 22	1 根	
2		绝缘滑轮组	2T	1 付	
3		高强度绝缘保护绳	φ30mm	1 根	导线后备保护绳
4		测零杆	220kV	1 根	
5		绝缘软梯	220kV	1 套	长度视导线高而定
6		绝缘绳	SCJS – 4	1 根	
7		绝缘绳	SCJS – 10	1 根	人身二防
8		绝缘传递绳	SCJS – 14	1 套	长度视塔高而定
9	金属工具	分布电压或绝缘电阻检测仪		1 套	瓷质绝缘子用
10	个人防护用具	安全带		2 套	
11		安全帽		5 顶	
12		屏蔽服		1 套	
13		导电鞋		1 双	
14	辅助安全用具	兆欧表（或绝缘工具测试仪）	5kV	1 块	电极宽 2cm，极间距 2cm
15		防潮毡布	3m×3m	1 块	
16		万用表		1 块	
17		测温风速仪	AVM07	1 台	

注：采用火花间隙测零时，每次检测前应用专用塞尺按 DL415 要求测量放电间隙尺寸。

5. 按照本次作业现场勘察后编写的现场作业指导

（1）工作前工作负责人向调度申请。内容为："本人为工作负责人×××，×年×月×日需在220kV ××线路上带电更换导线悬垂线夹，申请停用线路重合闸装置，若遇线路跳闸，不经联系，不得强送。"得到调度许可后，核对线路双重名称和杆号。

（2）全体工作成员列队，工作负责人现场宣读工作票，交代工作任务、安全措施和技术措施；查（问）看工作人员精神状况、着装情况和工器具是否完好齐全。交代危险点和预防措施，明确作业分工、安全措施及注意事项。

（3）地面电工采用兆欧表检测绝缘工具的绝缘电阻，检查承力工具是否完好灵活，屏蔽服不得有破损、金属纤维断丝等缺陷。

（4）塔上电工带传递绳登塔至横担合适位置，系、挂好安全带，将绝缘滑车挂在合适位置。

（5）若是盘形瓷质绝缘子串，地面电工将绝缘子零值检测仪及绝缘操作杆组装好后用绝缘传递绳传递给塔上电工，塔上电工检测所要更换线夹相绝缘子串的零值绝缘子，扣除人体短接和零值（自爆）绝缘子后，良好绝缘子片数不得少于9片。

（6）地面电工将跟头滑车的绝缘传递绳传至塔上，塔上电工利用操作杆将带有跟头滑车的绝缘传递绳（SCJS-10mm）挂在导线上，地面电工利用绝缘传递绳挂好软梯。

（7）等电位电工穿着全套屏蔽服、导电鞋，屏蔽服内不得穿着化纤类衣服。地面电工负责检查袜裤、裤衣、袖和手套的连接是否完好，用万用表测试袜对手套的连接导通情况。

（8）等电位电工系好防坠保护绳，地面电工控制软梯尾部和防坠保护绳，等电位电工攀登软梯至导线下方0.6m处左右，向工作负责人申请等电位，得到工作负责人同意后，迅速进入强电场，在导线上系好安全带后，才能解除防坠保护绳。

（9）塔上电工与地面电工配合传递上绝缘滑轮组及导线保护绳，并将其固定好。

（10）地面电工收紧绝缘滑轮组提升导线，使绝缘子串松弛，等电位电工更换导线悬垂线夹。

（11）更换完毕后等电位电工准备退出强电场。

（12）等电位电工系好防坠保护绳后，解除安全带，地面电工控制好防坠保护绳和软梯，等电位电工沿软梯下退至人站直并手抓导线，向工作负责人申请脱离强电场，许可后快速脱离，平稳下软梯至地面。

（13）塔上电工拆除工具及保护措施，检查塔上无遗留工具后，汇报工作负责人，得到同意后背绝缘传递绳平稳下塔。

（14）地面电工整理所有工器具，工作负责人（监护人）清点工器具、清理现场。

（15）工作负责人向调度汇报。内容为：本人为工作负责人×××，220kV ××线路带电更换悬垂线夹工作已结束，人员已撤离，塔上、导线上无遗留物，导线、绝缘子和金具等已恢复原状，可恢复线路重合闸装置。

6. 安全措施及注意事项

（1）若在海拔1000m以上地区的线路带电作业时，应根据作业区不同海拔高度，修正各类空气间隙、绝缘工具的安全距离和长度、绝缘子片数等，经本企业总工程师（主管生产领导）批准后执行。

（2）本次作业应经现场勘察并编制带电更换悬垂线夹的现场作业指导书，经本单位技术负责人或主管生产负责人批准后执行。

（3）作业应在良好天气下进行。如遇雷电（听见雷声、看见闪电）、雪雹、雨雾时不得进行带电作业。风力大于 5 级（10m/s）时，不宜进行作业。

（4）若需在相对空气湿度大于 80% 的天气下进行带电作业时，应采用具有防潮性能的绝缘工具。

（5）本次作业需申请停用线路重合闸装置，同时向调度明确若线路跳闸，不经联系不得强送电的要求。

（6）杆塔上电工与带电体的安全距离不小于 1.8m。

（7）绝缘承力工具安全长度不小于 1.8m，绝缘操作杆的有效长度不小于 2.1m。

（8）对盘形瓷质绝缘子，作业前应采用电压分布（或绝缘电阻）检测仪带电检测绝缘子串，扣除人体短接和零值（自爆）绝缘子片数后，良好绝缘子片数不少于 9 片（结构高度 146mm）。

（9）绝缘承力工具受力后，须经检查确认安全可靠后方可脱离绝缘子串。本次作业必须加装导线后备保护绳。

（10）地面绝缘工具应放置在绝缘垫上，作业人员均应戴清洁干燥手套，摇测绝缘电阻值不得小于 700MΩ（电极宽 2cm，极间距 2cm）。

（11）等电位电工应穿戴全套的屏蔽服（包括帽、衣裤、手套、袜和鞋），且各部分连接良好，用万用表测量袜、手套间连接导通情况，屏蔽服内不得穿着化纤类衣服。塔上电工应穿导电鞋。

（12）绝缘工器具使用前应用干净毛巾进行表面清洁处理，使用绝缘工具应戴清洁、干燥的手套，防止受潮和污染，收工或转移作业点，应将绝缘绳、软梯装在工具袋内。

（13）在杆塔上作业过程中如遇设备突然停电，作业人员应视设备仍然带电。

（14）塔上电工上杆塔前，应对脚扣、安全带、登高板等进行检查和冲击试验，全体作业人员必须戴安全帽。

（15）上下杆塔、塔上移动或转位时，作业人员必须双手攀抓牢固构件，且双手不得持带任何工器具，杆塔上作业不得失去安全带的保护。

（16）地面电工严禁在作业点垂直下方活动，塔上电工应防止高空落物，使用的工具、材料应用绳索传递，不得乱扔。

（17）进入强电场前应检查组合间隙是否满足要求。

（18）所列承力工器具受力按双 300 导线、垂直挡 600m 为临界值考虑，导线型号或垂直挡距超出临界值时应另行校核选择。

（19）作业期间，工作监护人应对作业人员进行不间断监护，不得从事其他工作。

（二）220kV 输电线路带电更换导线防振锤

1. 作业方法：等电位结合软梯法。

2. 适用范围：适用于 220kV 输电线路更换导线防振锤。

3. 人员组合：本作业项目工作人员共计 4 名。其中工作负责人 1 名（监护人）、等电位电工 1 名、地面电工 2 名。

4. 工具配备一览表见表 2 – 22。

表 2 – 22　　　　　　　　　　工具配备一览表

序号	工具名称		规格、型号	数量	备注
1		抛绳器		1 套	
2		绝缘绳	SCJS – 4	1 根	
3	绝缘工具	绝缘绳	SCJS – 10	1 根	人身二防用
4		绝缘软梯	220kV	1 套	长度视导线高而定
5		绝缘传递绳	SCJS – 14	1 套	长度视塔高而定
6		安全带（带二防）		1 套	
7	个人防	安全帽		4 顶	
8	护用具	屏蔽服		1 套	
9		导电鞋		1 双	
10		兆欧表（或绝缘工具测试仪）	5kV	1 块	电极宽 2cm，极间距 2cm
11	辅助安	防潮毡布	3m×3m	1 块	
12	全用具	万用表		1 块	
13		测温风速仪	AVM07	1 台	

5. 按照本次作业现场勘察后编写的现场作业指导

（1）工作前工作负责人向调度申请。内容为："本人为工作负责人×××，×年×月×日需在 220kV ××线路上带电更换导线防振锤，本次作业不需停用线路重合闸装置，若遇线路跳闸，不经联系，不得强送。"得到调度许可后，核对线路双重名称和杆号。

（2）全体工作成员列队，工作负责人现场宣读工作票，交代工作任务、安全措施和技术措施；查（问）看工作人员精神状况、着装情况和工器具是否完好齐全。交代危险点和预防措施，明确作业分工、安全措施及注意事项。

（3）地面电工采用兆欧表检测绝缘工具的绝缘电阻，检查工器具是否齐全完好，屏蔽服不得有破损等缺陷。

（4）地面电工将跟头滑车的绝缘传递绳传至塔上，塔上电工利用操作杆将带有跟头滑车的绝缘传递绳（SCJS – 10mm）挂在导线上。

（5）地面电工利用绝缘传递绳挂好软梯挂在导线上。

（6）等电位电工穿着全套屏蔽服、导电鞋，屏蔽服内不得穿着化纤类衣服。系好防坠后备保护绳，地面电工负责检查袜裤、裤衣、袖和手套的连接是否完好，用万用表测试袜对手套的连接导通情况。

（7）地面电工控制软梯尾部和防坠后备保护绳，等电位电工攀登软梯至导线下方0.6m 处左右，向工作负责人申请等电位，得到工作负责人同意后，迅速进入强电场，在导线上系好安全带后，才能解除防坠后备保护绳。等电位电工更换防振锤。

（8）更换完毕后，地面电工控制好防坠后备保护绳，等电位电工先系好防坠后备保护绳后，解开安全带，沿软梯下退至人站直并手抓导线位置，向工作负责人申请脱离强电场，许可后快速脱离电位，平稳下软梯至地面。

（9）地面电工拆除软梯及滑车，整理所有工器具，工作负责人（监护人）清点工器具、清理现场。

（10）工作负责人向调度汇报。内容为：本人为工作负责人×××，220kV ××线路带电更换导线防振锤工作已结束，人员已撤离，塔上、导线上无遗留物，导线、金具等已恢复原状。

6. 安全措施及注意事项

（1）若在海拔1000m以上地区的线路带电作业时，应根据作业区不同海拔高度，修正各类空气间隙、绝缘工具的安全距离和长度、绝缘子片数等，经本企业总工程师（主管生产领导）批准后执行。

（2）本次作业应经现场勘察并编制带电更换防振锤的现场作业指导书，经本单位技术负责人或主管生产负责人批准后执行。

（3）作业应在良好天气下进行。如遇雷电（听见雷声、看见闪电）、雪雹、雨雾时不得进行带电作业。风力大于5级（10m/s）时，不宜进行作业。

（4）若需在相对空气湿度大于80%的天气下进行带电作业时，应采用具有防潮性能的绝缘工具。

（5）本次作业不需申请停用线路重合闸装置，但工作前应向调度明确若线路跳闸，不经联系不得强送电的要求。

（6）地面绝缘工具应放置在绝缘垫上，作业人员均应戴清洁干燥手套，摇测绝缘电阻值不得小于700MΩ（电极宽2cm，极间距2cm）。

（7）等电位电工应穿戴全套的屏蔽服（包括帽、衣裤、手套、袜和鞋），且各部分连接良好，用万用表测量袜、手套间连接导通情况，屏蔽服内不得穿着化纤类衣服。

（8）绝缘工器具使用前应用干净毛巾进行表面清洁处理，使用绝缘工具应戴清洁、干燥的手套，防止受潮和污染，收工或转移作业点，应将绝缘绳、软梯装在工具袋内。

（9）在作业过程中如遇设备突然停电，作业人员应视设备仍然带电。

（10）地面电工严禁在作业点垂直下方活动，塔上电工应防止高空落物，使用的工具、材料应用绳索传递，不得乱扔。

（11）塔上电工上杆塔前，应对脚扣、安全带、登高板等进行检查和冲击试验，全体作业人员必须戴安全帽。

（12）上下杆塔、塔上移动或转位时，作业人员必须双手攀抓牢固构件，且双手不得持带任何工器具，杆塔上作业不得失去安全带的保护。

（13）作业期间，工作监护人应对作业人员进行不间断监护，不得从事其他工作。

（三）220kV 输电线路带电更换子导线间隔棒

1. 作业方法：等电位结合软梯法。

2. 适用范围：适用于更换220kV 输电线路子导线间隔棒。

3. 人员组合：本作业项目工作人员共计5名。其中工作负责人1名、等电位电工1名、地面电工3名。

4. 工具配备一览表见表2-23。

表 2 - 23 工具配备一览表

序号	工具名称		规格、型号	数量	备注
1	绝缘工具	操作杆		1 套	
2		绝缘绳	SCJS - 4	1 根	
3		绝缘绳	SCJS - 10	1 根	人身二防用
4		绝缘软梯	110kV	1 套	长度视导线高而定
5		绝缘传递绳	SCJS - 14	1 套	长度视塔高而定
6	个人防护用品	安全带（带二防）		1 套	
7		安全帽		5 顶	
8		屏蔽服		1 套	
9		导电鞋		1 双	
10	辅助安全用具	兆欧表（或绝缘工具测试仪）	5kV	1 块	电极宽 2cm，极间距 2cm
11		防潮毡布	3m×3m	1 块	
12		万用表		1 块	
13		测温风速仪	AVM07	1 台	

5. 按照本次作业现场勘察后编写的现场作业指导

（1）工作前工作负责人向调度申请。内容为："本人为工作负责人×××，×年×月×日需在 220kV ××线路上带电更换导线间隔棒（环），本次作业需停用线路重合闸装置，若遇线路跳闸，不经联系，不得强送。"

（2）全体工作成员列队，工作负责人现场宣读工作票，交代工作任务、安全措施和技术措施；查（问）看工作人员精神状况、着装情况和工器具是否完好齐全。交代危险点和预防措施，明确作业分工、安全措施及注意事项。

（3）地面电工采用兆欧表检测绝缘工具的绝缘电阻，检查承力工具是否完好灵活。屏蔽服不得有破损等缺陷。

（4）地面电工将跟头滑车的绝缘传递绳传至塔上，塔上电工利用操作杆将带有跟头滑车的绝缘传递绳（SCJS - 10mm）挂在导线上。

（5）地面电工利用绝缘传递绳挂好软梯挂在导线上。

（6）等电位电工穿着全套屏蔽服、导电鞋，屏蔽服内不得穿着化纤类衣服。系好后备保护绳，地面电工负责检查袜裤、裤衣、袖和手套的连接是否完好，用万用表测试袜对手套的连接导通情况。

（7）地面电工控制软梯尾部和后备保护绳，等电位电工攀登软梯至导线下方 0.6m 处左右，向工作负责人申请等电位，得到工作负责人同意后，迅速进入强电场，在导线上系好安全带后，才能解除防坠后备保护绳。

（8）等电位电工至间隔棒处，用绝缘绳将分裂导线固定使其保持原距离。用传递绳将间隔棒传递上去进行间隔棒更换，将旧间隔棒传递至地面。

（9）更换完毕后，等电位电工先系好防坠后备保护绳后，解开安全带，沿软梯下退至人站直并手抓导线，向工作负责人申请脱离强电场，许可后快速脱离强电场，平稳下软梯至地面。

（10）地面电工拆除软梯及滑车，整理所有工器具，工作负责人（监护人）清点工器具、清理现场。

（11）工作负责人向调度汇报。内容为：本人为工作负责人×××，220kV ××线路带电更换导线间隔棒工作已结束，人员已撤离，导线上无遗留物，导线间隔棒已恢复原状。

6. 安全措施及注意事项

（1）若在海拔1000m以上地区的线路带电作业时，应根据作业区不同海拔高度，修正各类空气间隙、绝缘工具的安全距离和长度、绝缘子片数等，经本企业总工程师（主管生产领导）批准后执行。

（2）本次作业应经现场勘察并编制带电更换子导线间隔棒的现场作业指导书，经本单位技术负责人或主管生产负责人批准后执行。

（3）作业应在良好天气下进行。如遇雷电（听见雷声、看见闪电）、雪雹、雨雾时不得进行带电作业。风力大于5级（10m/s）时，不宜进行作业。

（4）若需在相对空气湿度大于80%的天气下进行带电作业时，应采用具有防潮性能的绝缘工具。

（5）本次作业不需申请停用线路重合闸装置，但工作前应向调度明确若线路跳闸，不经联系不得强送电的要求。

（6）地面绝缘工具应放置在绝缘垫上，作业人员均应戴清洁干燥手套，摇测绝缘电阻值不得小于700MΩ（电极宽2cm，极间距2cm）。

（7）等电位电工应穿戴全套的屏蔽服（包括帽、衣裤、手套、袜和鞋），且各部分连接良好，用万用表测量袜、手套间连接导通情况，屏蔽服内不得穿着化纤类衣服。

（8）绝缘工器具使用前应用干净毛巾进行表面清洁处理，使用绝缘工具应戴清洁、干燥的手套，防止受潮和污染，收工或转移作业点，应将绝缘绳、软梯装在工具袋内。

（9）在作业过程中如遇设备突然停电，作业人员应视设备仍然带电。

（10）塔上电工上杆塔前，应对脚扣、安全带、登高板等进行检查和冲击试验，全体作业人员必须戴安全帽。

（11）上下杆塔、塔上移动或转位时，作业人员必须双手攀抓牢固构件，且双手不得持带任何工器具，杆塔上作业不得失去安全带的保护。

（12）地面电工严禁在作业点垂直下方活动，塔上电工应防止高空落物，使用的工具、材料应用绳索传递，不得乱扔。

（13）作业期间，工作监护人应对作业人员进行不间断监护，不得从事其他工作

四、导、地线

220kV输电线路带电修补导线。

1. 作业方法：等电位结合软梯法。

2. 适用范围：适用于修补220kV线路导线断股。

3. 人员组合：本作业项目工作人员共计5名。其中工作负责人1名（监护人）、等电位电工1名、地面电工3名。

4. 工具配备一览表

表2-24　　　　　　　　　　　　工具配备一览表

序号	工具名称		规格、型号	数量	备注
1	绝缘工具	操作杆		1套	
2		绝缘绳	SCJS-4	1根	
3		绝缘绳	SCJS-10	1根	人身二防用
4		绝缘软梯	220kV	1套	
5		绝缘传递绳	SCJS-14	1套	长度视塔高而定
6	个人防护用品	安全带（带二防）		1套	
7		安全帽		5顶	
8		屏蔽服		1套	
9		导电鞋		1双	
10	辅助安全用具	兆欧表（或绝缘工具测试仪）	5kV	1块	电极宽2cm，极间距2cm
11		防潮毡布	3m×3m	1块	
12		万用表		1块	
13		测温风速仪	AVM07	1台	

5. 按照本次作业现场勘察后编写的现场作业指导

（1）工作前工作负责人向调度申请。内容为："本人为工作负责人×××，×年×月×日需在220kV××线路上带电修补导线，本次作业不需停用线路重合闸装置，若遇线路跳闸，不经联系，不得强送。"得到调度许可后，核对线路双重名称和杆号。

（2）全体工作成员列队，工作负责人现场宣读工作票，交代工作任务、安全措施和技术措施；查（问）看工作人员精神状况、着装情况和工器具是否完好齐全。交代危险点和预防措施，明确作业分工、安全措施及注意事项。

（3）工作人员在地面用兆欧表检测绝缘工具的绝缘电阻，检查承力工具是否完好灵活，屏蔽服不得有破损、金属纤维断丝等缺陷。

（4）地面电工将跟头滑车的绝缘传递绳传至塔上，塔上电工利用操作杆将带有跟头滑车的绝缘传递绳（SCJS-10mm）挂在导线上。

（5）地面电工利用绝缘传递绳挂好软梯挂在导线上。

（6）等电位电工穿着全套屏蔽服、导电鞋，系好后备保护绳，地面电工负责检查袜裤、裤衣、袖和手套的连接是否完好，用兆欧表测试袜对手套的电阻值。

（7）地面电工控制软梯尾部和后备保护绳，等电位电工攀登软梯至导线下方0.6m处左右，向工作负责人申请进入强电场，得到工作负责人同意后，迅速进入强电场，在导线上系好安全带后，才能解除防坠后备保护绳。

（8）若导线在同一处损伤的程度使导线强度损失部分超过总拉断力的5%且截面积损伤部分不超过总导电部分截面积的7%，用缠绕或补修预绞丝修补；若导线损伤面积为总面积的25%～60%时应采用C型补修材料（预绞式接续条、加长型补修管）补修；若导线在同一处损伤的程度使导线强度损失部分超过总拉断力的5%但不足17%，且截面积损伤部分不超过总导电部分截面积的25%，用补修管修补。

（9）缠绕修补时应将受伤处线股处理平整；缠绕材料应为铝单丝，缠绕应紧密，回头应绞紧，处理平整，其中心应位于损伤最严重处，并应将受伤部分全部覆盖，其长度不得小于100mm。

（10）采用预绞丝修补应将受伤处线股处理平整；补修预绞丝长度不得小于3个节距，其中心应位于损伤最严重处并将其全部覆盖。

（11）采用补修管修补应将损伤处的线股先恢复原绞制状态，线股处理平整，补修管的中心应位于损伤最严重处，补修的范围应位于管内各20mm。

（12）地面电工配合等电位电工将清洗好的补修管、装配好压模和机动液压泵的压钳吊至损伤导线处，等电位电工将导线连同补修管放入压接钳内，逐一对模压接。

（13）压接完成后，等电位电工用游标卡尺检验确认六边形的三个对边距符合下列标准：在同一模的六边形中，只允许其中有一个对边距达到公式 $S = 0.866 \times 0.993D + 0.2$（mm）的最大计算值。测量超过应查明原因，另行处理。最后铲除补修管的飞边毛刺，完成修补工作。

（14）修补完毕后，地面电工控制好后备保护绳，等电位电工先系好防坠后备保护绳后，解开安全腰带，沿软梯下退至人站直并手抓导线，向工作负责人申请脱离强电场，许可后迅速脱离强电场，平稳下软梯至地面。。

（15）地面电工拆除工具及保护措施，整理所有工器具，工作负责人（监护人）清点工器具、清理现场。

（16）工作负责人向调度汇报。内容为：本人为工作负责人×××，220kV ××线路带电修补导线工作已结束，人员已撤离，塔上、导线上无遗留物，导线等已恢复原样。

6. 安全措施及注意事项

（1）若在海拔1000m以上地区的线路带电作业时，应根据作业区不同海拔高度，修正各类空气间隙、绝缘工具的安全距离和长度等，经本企业总工程师（主管生产领导）批准后执行。

（2）本次作业应经现场勘察并编制带电修补导线的现场作业指导书，经本单位技术负责人或主管生产负责人批准后执行。

（3）作业应在良好天气下进行。如遇雷电（听见雷声、看见闪电）、雪雹、雨雾时不得进行带电作业。风力大于5级（10m/s）时，不宜进行作业。

（4）若需在相对空气湿度大于80%的天气下进行带电作业时，应采用具有防潮性

能的绝缘工具。

（5）本次作业不需申请停用线路重合闸装置，但工作前应向调度明确若线路跳闸，不经联系不得强送电的要求。

（6）地面绝缘工具应放置在绝缘垫上，作业人员均应戴清洁干燥手套，摇测绝缘电阻值不得小于700MΩ（电极宽2cm，极间距2cm）。

（7）等电位电工应穿戴全套的屏蔽服（包括帽、衣裤、手套、袜和鞋），且各部分连接良好，用万用表测量最远两点电阻不大于20Ω，屏蔽服内不得穿着化纤类衣服。

（8）绝缘工器具使用前应用干净毛巾进行表面清洁处理，使用绝缘工具应戴清洁、干燥的手套，防止受潮和污染，收工或转移作业点，应将绝缘绳、软梯装在工具袋内。

（9）在作业过程中如遇设备突然停电，作业人员应视设备仍然带电。

（10）地面电工严禁在作业点垂直下方活动，塔上电工应防止高空落物，使用的工具、材料应用绳索传递，不得乱扔。

（11）导线损伤后能否悬挂软梯应根据损伤情况及钢芯型号进行验算。

（12）采用爆压修补导线时，引爆系统必须用锡泊纸包好屏蔽，以防在强电场下自爆；地面电工在引爆前必须撤到安全区；导爆索、雷管等应有专人分开保管，确保安全；保证爆炸点对地及相间的安全距离大于2.5m。

（13）塔上电工上杆塔前，应对脚扣、安全带、登高板等进行检查和冲击试验，全体作业人员必须戴安全帽。

（14）上下杆塔、塔上移动或转位时，作业人员必须双手攀抓牢固构件，且双手不得持带任何工器具，杆塔上作业不得失去安全带的保护。

（15）作业期间，工作监护人应对作业人员进行不间断监护，不得从事其他工作。

第四节　500kV输电线路带电作业操作方法

一、带电更换直线绝缘子串

（一）500kV输电线路带电更换悬垂绝缘子串任意单片绝缘子

1. 作业方法：地电位与等电位配合紧线杆插板式作业法。

2. 适用范围：适用于500kV输电线路悬垂绝缘子串任意单片绝缘子。

3. 人员组合：本作业项目工作人员共计6名，其中工作负责人1名（监护人）、塔上电工1名、等电位电工1名、地面电工3名。

4. 工具配备一览表见表2-25。

表 2 – 25　　　　　　　　　　　工具配备一览表

序号	工具名称		规格、型号	数量	备注
1	绝缘工具	绝缘传递绳	φ10mm	1 根	视作业杆塔高度定
2		绝缘软梯	φ14mm×9m	1 套	
3		绝缘滑车	0.5T	1 只	
4		绝缘吊杆	φ32	2 根	
5		绝缘托瓶架（插板）		1 副	
6		绝缘操作杆	500kV	1 根	
7		3 – 3 绝缘滑轮组		1 组	配绝缘绳索
8		绝缘绳套	φ20mm	2 只	
9	金属工具	四线提线器		2 套	分裂导线适用
10		平面丝杠		2 只	
11		横担专用卡具		2 只	卡具分别单独固定
12		取销器		1 套	
13		分布电压或绝缘电阻检测仪		1 个	瓷质绝缘子用
14		三脚架		1 个	
15		火花间隙装置		1 套	
16		保护间隙		1 副	
17	个人防护用具	绝缘安全带		3 根	备用一根
18		安全帽		6 顶	
19		高强度绝缘保护绳	φ32mm×9m	2 根	防坠落保护用
20		屏蔽服		1 套	
21		导电鞋		4 双	
22		安全带			
23	辅助安全用具	兆欧表	5kV	1 块	电极宽2cm 极间距2cm
24		万用表		1 块	测量屏蔽服用
25		防潮毡布	3m×3m	1 块	
26		测湿风速仪	AVM07	1 台	
27		工具袋		2 只	装绝缘工具用

注：1. 采用双导线四分裂提线钩且横担侧固定器各自单独时，可不采用导线后备保护绳。

　　2. 若要挂保护间隙，还需增加工器具。

　　3. 瓷质绝缘子检测装置包括：分布电压或绝缘电阻检测仪、火花间隙装置，采用火花间隙测零时，每次检测前应用专用塞尺按 DL415 要求测量间隙尺寸。

5. 按照本次作业现场勘察后编写的现场作业指导

（1）工作负责人向电网调度员申请开工，内容为："本人为工作负责人×××，×年×月×日需在500kV ××线路上更换劣化绝缘子作业，本次作业需停用线路重合闸装

置，若遇线路跳闸，不经联系，不得强送。"得到调度许可，核对线路双重名称和杆号。

（2）全体工作成员列队，工作负责人现场宣读工作票，交代工作任务、安全措施和技术措施；查（问）看工作人员精神状况、着装情况和工器具是否完好齐全。交代危险点和预防措施，明确作业分工、安全措施及注意事项。

（3）地面电工采用兆欧表检测绝缘工具的绝缘电阻，检查丝杆、卡具等工具是否完好齐全、屏蔽服（静电防护服）不得有破损、孔洞和毛刺状等缺陷。

（4）等电位人员穿着全套屏蔽服、导电鞋，屏蔽服内不得穿着化纤类衣服。地面电工负责检查袜裤、裤衣、袖和手套的连接是否完好，用万用表测试袜、裤、衣、手套等导通情况。

（5）塔上电工穿着静电防护服、导电鞋，携带绝缘传递绳登塔至横担处，系、挂好安全带，将绝缘滑车和绝缘传递绳在作业横担适当位置安装好。

（6）若是盘形瓷质绝缘子串，地面电工将瓷瓶电压分布仪及绝缘操作杆组装好后用绝缘传递绳传递给塔上电工，塔上电工检测所要更换绝缘子串的分布电压（绝缘电阻）值，当同串绝缘子为28片，若零值绝缘子达到6片立即停止检测，扣除人体短接和零值（自爆）绝缘子后，良好绝缘子片数不得少于22片（结构高度170mm）。

（7）地面电工配合将三脚架传到工作位置，塔上电工与地面电工相互配合安装在横担头上。

（8）地面电工传递绝缘软梯和绝缘防坠落保护绳，塔上电工在绝缘子串吊点水平距离大于1.5m处安装绝缘软梯。

（9）地面电工系好绝缘防坠落绳，塔上电工控制防坠落绳配合等电位电工沿绝缘软梯下行。

（10）等电位电工沿绝缘软梯下到头部或手与上子导线平行位置，报告工作负责人，得到工作负责人许可后，塔上电工利用绝缘防坠落保护绳摆动绝缘软梯配合等电位电工进入电场。

（11）等电位电工进入等电位后，不能将安全带系在上子导线上，在高强度绝缘保护绳的保护下进行其他检修作业。

（12）地面电工将横担固定器、平面丝杠、整套绝缘吊杆、四线提线器传递到工作位置，等电位电工与塔上电工配合将绝缘子更换工具安装在被更换的绝缘子串两侧。

（13）地面电工将3－3滑轮组绝缘子串尾绳分别传递给等电位电工和塔上电工。

（14）塔上电工将3－3滑轮组安装在三脚架和横担侧第3片绝缘子，等电位电工将绝缘子串尾绳安装在导线侧第1片绝缘子。

（15）地面电工将托瓶架（插板）传递到导线侧工作位置，等电位电工将其安装在两根上子导线上。

（16）塔上电工同时均匀收紧两平面丝杠，使绝缘子松弛，等电位电工手抓四线提线器冲击检查无误后，报告工作负责人，得到工作负责人许可后，取出碗头弹簧销。

（17）地面电工收紧提升绝缘3－3滑轮组，塔上电工拔掉球头挂环第1片绝缘子处弹簧销，脱开球头挂环与第 1 片绝缘子处的连接。

（18）地面电工松绝缘 3－3 滑轮组，同时配合拉好绝缘子串尾绳，将绝缘子串慢慢下放至需要更换的劣质绝缘子附近，等电位电工将绝缘托瓶架（插板）插托在被更换绝缘子的下一片。

（19）等电位电工拆除需要更换的劣质绝缘子上、下弹簧销，换下劣质绝缘子。

（20）地面电工将新绝缘子传递给等电位电工，等电位电工换上新绝缘子，并复位新绝缘子上、下弹簧销。

（21）地面电工收紧绝缘 3－3 滑轮组同时配合拉好绝缘子串尾绳，将绝缘子串传递至横担工作位置，塔上电工恢复球头挂环第 1 片绝缘子处的连接。并恢复新绝缘子上弹簧销。

（22）地面电工松绝缘 3－3 滑轮组，使绝缘子串自然垂直，等电位电工恢复碗头挂板与连板处的连接，并装好碗头螺栓上的开口销。

（23）经检查确认无误后，报经工作负责人同意，塔上电工松出平面丝杠，地面电工与塔上电工和等电位电工配合拆除全部作业工具并传递下塔。

（24）等电位电工检查确认导线上无遗留物后，汇报工作负责人，得到同意后等电位电工退出电位。

（25）等电位电工与塔上电工配合拆除塔上作业工具并传递下塔。

（26）塔上电工检查确认塔上无遗留物后，汇报工作负责人，得到同意后携带绝缘传递绳下塔。

（27）地面电工整理所有工器具和清理现场，工作负责人（监护人）清点工器具。

（28）工作负责人向调度汇报。内容为：本人为工作负责人×××，500kV ××线路带电更换绝缘子工作已结束，人员已撤离，塔上、导线上无遗留物，导线、绝缘子和金具等已恢复原状，可恢复线路重合闸装置。

6. 安全措施及注意事项

（1）若在海拔 1000m 以上地区作业时，应根据作业区的实际海拔高度，计算修正各类空气间隙、绝缘工具的安全距离和长度、绝缘子片数等，经本企业总工程师（主管生产领导）批准后执行。

（2）本次作业应经现场勘察并编制带电更换悬垂整串绝缘子的现场作业指导书，经本单位技术负责人或主管生产负责人批准后执行。

（3）作业应在良好天气下进行。如遇雷电（听见雷声、看见闪电）、雪雹、雨雾时不得进行带电作业。风力大于 5 级（10m/s）时，不宜进行作业。

（4）若需在相对空气湿度大于 80% 的天气下进行带电作业时，应采用具有防潮性能的绝缘工具。

（5）本次作业需停用线路重合闸装置，但工作前应向调度明确若线路跳闸，不经联系不得强送电的要求。

（6）杆塔上电工与带电体的安全距离不小于 3.4m。等电位电工与接地体之间安全

作业距离不得小于 3.4m。作业中等电位人员头部不得超过 4 片绝缘子，等电位人员转移电位时人体裸露部分与带电体应保证 0.4m。等电位电工沿绝缘软梯进入强电场时，作业人员与接地体之间的组合间隙不得小于 3.8m。

（7）绝缘承力工具安全长度不小于 3.4m，绝缘操作杆的有效长度不小于 3.7m。

（8）对盘形瓷质绝缘子，作业前应采用电压分布（或绝缘电阻）检测仪带电检测绝缘子串，扣除人体短接和零值（自爆）绝缘子片数后，良好绝缘子片数不少于 22 片（结构高度 170mm）。

（9）绝缘承力工具受力后，须经检查确认安全可靠后方可脱离绝缘子串。

（10）塔上电工必须穿戴全套静电防护服、导电鞋，以防感应电的伤害。

（11）地面绝缘工具应放置在绝缘垫上，作业人员均应戴清洁干燥手套，摇测绝缘电阻值不得小于 700MΩ（电极宽 2cm，极间距 2cm）。

（12）等电位电工应穿戴全套合格的屏蔽服（包括帽、衣裤、手套、袜和导电鞋），且各部分连接良好。屏蔽服内不得穿着化纤类衣服。

（13）地面绝缘工器具应放置在防潮毡布上，绝缘工器具使用前应用干净毛巾进行表面清洁处理，使用绝缘工具应戴清洁、干燥的手套，防止受潮和污染，收工或转移作业点，应将绝缘绳、软梯装在工具袋内。

（14）新复合绝缘子必须检查并按说明书安装好均压环，若是盘形绝缘子应用干净毛巾进行表面清洁处理，瓷质绝缘子应摇测绝缘电阻值不小于 500MΩ。

（15）使用的工具、绝缘子上下起吊应用绝缘传递绳，金属工具在起吊传递中必须距带电体 1.5m 以外，到达同电位后再传递给操作人员。

（16）绝缘软梯必须安全可靠，等电位电工在进入电位前应试冲击判断其可靠性。

（17）所有使用的器具必须安装可靠，工具受力后应冲击试验，检查判断其可靠性。

（18）三脚架必须安装牢固，地面电工利用绝缘 3-3 滑轮组起吊和放松绝缘子串时，3-3 滑轮组尾绳必须牢固可靠。

（19）等电位电工从绝缘软梯登上导线后，必须系好安全带才能解开防坠落后备保护绳，脱离电位前必须系好后备保护绳后，再解开安全带向工作负责人申请下软梯。

（20）等电位电工登软梯前，应与地面电工配合试冲击防坠落保护绳的牢固情况，地面电工防坠落保护绳控制方式应合理、可靠。

（21）在杆塔上作业过程中如遇设备突然停电，作业人员应视设备仍然带电。

（22）塔上电工上杆塔前，应对安全带等进行检查和冲击试验，全体作业人员必须戴安全帽。

（23）杆塔上电工不能保持人身对带电体 3.4m 的安全距离时，应在相邻塔的工作相加装保护间隙，保护间隙安装前的安全距离应大于 2.5m，安装、调试的距离为 1.3m。两电极必须可靠固定在绝缘杆上，横担侧的电极尾线不留裕度，加装保护间隙的人员应穿全套合格的屏蔽服。

（24）上下杆塔、塔上移动或转位时，作业人员必须双手攀抓牢固构件，且双手不得持带任何工器具，杆塔上作业不得失去安全带的保护。

（25）塔上电工不得失去安全的保护。

（26）地面电工严禁在作业点垂直下方逗留，塔上电工应防止高空落物，使用的工具、材料应用绳索传递，不得乱扔。

（27）作业期间，工作监护人应对作业人员进行不间断监护，不得从事其他工作。

（二）500kV 输电线路带电更换整串悬垂绝缘子

1. 作业方法：地电位与等电位配合紧线杆作业法。

2. 适用范围：适用于 500kV 输电线路更换整串悬垂绝缘子。

3. 人员组合：本作业项目工作人员共计 6 名，其中工作负责人 1 名（监护人）、塔上电工 1 名、等电位电工 1 名、地面电工 3 名。

4. 工具配备一览表见表 2－26。

表 2－26　　　　　　　　工具配备一览表

序号	工具名称		规格、型号	数量	备注
1	绝缘工具	绝缘传递绳	φ10mm	1 根	视作业杆塔高度定
2		绝缘软梯	φ14mm×9m	1 套	
3		绝缘滑车	0.5T	1 只	
4		绝缘吊杆	φ32	2 根	
5		绝缘绳		1 副	
6		绝缘操作杆	500kV	1 根	
7		绝缘绳套	φ20mm	2 只	
8	金属工具	四线提线器		2 套	分裂导线适用
9		平面丝杠		2 只	
10		横担专用卡具		2 只	卡具分别单独固定
11		机动绞磨		1 台	
12		分布电压或绝缘电阻检测仪		1 个	瓷质绝缘子用
13		火花间隙装置		1 套	
14		保护间隙		1 副	
15	个人防护用具	安全带		3 根	备用一根
16		安全帽		6 顶	
17		高强度绝缘保护绳	φ32mm×9m	2 根	防坠落保护用
18		屏蔽服		1 套	
19		静电防护服		2 套	备用 1 套
20		安全带		3 条	
21		导电鞋		4 双	

续表 2 – 26

序号	工具名称		规格、型号	数量	备注
22	辅助安全用具	兆欧表	5kV	1块	电极宽2cm, 极间距2cm
23		万用表		1块	测量屏蔽服用
24		防潮毡布	3m×3m	1块	
25		测湿风速仪	AVM07	1台	
26		工具袋		2只	装绝缘工具用

注：1. 采用双导线四分裂提线钩且横担侧固定器各自单独时，可不采用导线后备保护绳。

2. 若要挂保护间隙，还需增加工器具。

3. 瓷质绝缘子检测装置包括：分布电压或绝缘电阻检测仪、火花间隙装置，采用火花间隙测零时，每次检测前应用专用塞尺按 DL415 要求测量间隙尺寸。

5. 按照本次作业现场勘察后编写的现场作业指导

（1）工作负责人向电网调度员申请开工，内容为："本人为工作负责人×××，×年×月×日需在 500kV ××线路上更换绝缘子作业，本次作业需停用线路重合闸装置，若遇线路跳闸，不经联系，不得强送。"得到调度许可，核对线路双重名称和杆号。

（2）全体工作成员列队，工作负责人现场宣读工作票，交代工作任务、安全措施和技术措施；查（问）看工作人员精神状况、着装情况和工器具是否完好齐全。交代危险点和预防措施，明确作业分工、安全措施及注意事项。

（3）地面电工采用兆欧表检测绝缘工具的绝缘电阻，检查丝杆、卡具等工具是否完好齐全、屏蔽服（静电防护服）不得有破损、孔洞和毛刺状等缺陷。

（4）地面电工正确布置施工现场，合理放置机动绞磨。

（5）等电位人员穿着全套屏蔽服、导电鞋，屏蔽服内不得穿着化纤类衣服。地面电工负责检查袜裤、裤衣、袖和手套的连接是否完好，用万用表测试袜、裤、衣、手套等导通情况。

（6）塔上电工穿着静电防护服、导电鞋，携带绝缘传递绳登塔至横担处，系、挂好安全带，将绝缘滑车和绝缘传递绳在作业横担适当位置安装好。

（7）若是盘形瓷质绝缘子串，地面电工将瓷瓶电压分布仪及绝缘操作杆组装好后用绝缘传递绳传递给塔上电工，塔上电工检测所要更换绝缘子串的分布电压（绝缘电阻）值，扣除人体短接和零值（自爆）绝缘子后，良好绝缘子片数不得少于 22 片（结构高度 170mm）。

（8）地面电工传递绝缘软梯和绝缘防坠落保护绳，塔上电工在绝缘子串吊点水平距离大于 1.5m 处安装绝缘软梯。

（9）地面电工系好绝缘防坠落绳，塔上电工控制防坠落绳配合等电位电工沿绝缘软梯下行。

（10）等电位电工沿绝缘软梯下到头部或手与上子导线平行位置，报告工作负责人，得到工作负责人许可后，塔上电工利用绝缘防坠落保护绳摆动绝缘软梯配合等电位电工进入电场。

（11）等电位电工进入等电位后，不能将安全带系在上子导线上，在高强度绝缘保护绳的保护下进行其他检修作业。

（12）地面电工将横担固定器、平面丝杠、整套绝缘吊杆、四线提线器传递到工作位置，等电位电工与塔上电工配合将绝缘子更换工具安装在被更换的绝缘子串两侧。

（13）地面电工将绝缘磨绳、绝缘子串尾绳分别传递给塔上电工与等电位电工。

（14）塔上电工将绝缘磨绳安装在横担和第 3 片绝缘子，等电位电工将绝缘子串尾绳安装在导线侧第 1 片绝缘子。

（15）塔上电工同时均匀收紧两平面丝杠，使绝缘子松弛，等电位电工手抓四线提线器冲击检查无误后，报告工作负责人，得到工作负责人许可后，取出碗头弹簧销。

（16）地面电工收紧提升绝缘磨绳，塔上电工拔掉球头挂环第 1 片绝缘子处弹簧销，脱开球头挂环与第 1 片绝缘子处的连接。

（17）地面电工松机动绞磨，同时配合拉好绝缘子串尾绳，将绝缘串放置地面。

（18）地面电工将绝缘磨绳和绝缘子串尾绳分别转移到新绝缘子上。

（19）地面电工启动机动绞磨将新绝缘子串传递至塔上电工工作位置，塔上电工恢复新绝缘子与横担侧球头挂环的连接，并恢复新绝缘子上弹簧销。

（20）地面电工松机动绞磨，使绝缘子串自然垂直，等电位电工恢复碗头挂板与连板处的连接，并装好碗头螺栓上的开口销。

（21）经检查确认无误后，报经工作负责人同意，塔上电工松出平面丝杠，地面电工与塔上电工和等电位电工配合拆除全部作业工具并传递下塔。

（22）等电位电工检查确认导线上无遗留物后，汇报工作负责人，得到同意后等电位电工退出电位。

（23）等电位电工与塔上电工配合拆除塔上作业工具并传递下塔。

（24）塔上电工检查确认塔上无遗留物后，汇报工作负责人，得到同意后携带绝缘传递绳下塔。

（25）地面电工整理所有工器具和清理现场，工作负责人（监护人）清点工器具。

（26）工作负责人向调度汇报。内容为：本人为工作负责人×××，500kV ××线路带电更换绝缘子工作已结束，人员已撤离，塔上、导线上无遗留物，导线、绝缘子和金具等已恢复原状，可恢复线路重合闸装置。

6. 安全措施及注意事项

（1）若在海拔 1000m 以上地区作业时，应根据作业区的实际海拔高度，计算修正各类空气间隙、绝缘工具的安全距离和长度、绝缘子片数等，经本企业总工程师（主管生产领导）批准后执行。

（2）本次作业应经现场勘察并编制带电更换整串悬垂绝缘子的现场作业指导书，经本单位技术负责人或主管生产负责人批准后执行。

（3）作业应在良好天气下进行。如遇雷电（听见雷声、看见闪电）、雪雹、雨雾时不得进行带电作业。风力大于 5 级（10m/s）时，不宜进行作业。

（4）若需在相对空气湿度大于 80% 的天气下进行带电作业时，应采用具有防潮性

能的绝缘工具。

（5）本次作业需停用线路重合闸装置，但工作前应向调度明确若线路跳闸，不经联系不得强送电的要求。

（6）杆塔上电工与带电体的安全距离不小于 3.4m。等电位电工与接地体之间安全作业距离不得小于 3.4 米。

（7）绝缘传递绳和绝缘软梯长度不小于 3.4m，绝缘操作杆的有效长度不小于 3.7m。

（8）等电位电工沿绝缘软梯进入强电场时，作业人员与接地体之间的组合间隙不得小于 3.8m。等电位人员转移电位时人体裸露部分与带电体应保证 0.4m。

（9）等电位电工转移电位时严禁对等电位电工头部放电，作业中等电位人员头部不得超过 4 片绝缘子。

（10）塔上电工必须穿戴全套静电防护服、导电鞋，以防感应电的伤害。

（11）等电位电工应穿戴全套合格的屏蔽服（包括帽、衣裤、手套、袜和导电鞋），且各部分连接良好。屏蔽服内不得穿着化纤类衣服。

（12）对盘形瓷质绝缘子，作业前应采用电压分布（或绝缘电阻）检测仪带电检测绝缘子串，扣除人体短接和零值（自爆）绝缘子片数后，良好绝缘子片数不少于 22 片（结构高度 170mm）。

（13）地面绝缘工具应放置在绝缘垫上，作业人员均应戴清洁干燥手套，摇测绝缘电阻值不得小于 700MΩ（电极宽 2cm，极间距 2cm）。

（14）新复合绝缘子必须检查并按说明书安装好均压环，若是盘形绝缘子应用干净毛巾进行表面清洁处理，瓷质绝缘子应摇测绝缘电阻值不小于 500MΩ。

（15）使用的工具、绝缘子上下起吊应用绝缘传递绳，金属工具在起吊传递中必须距带电体 1.5m 以外，到达同电位后再传递给操作人员。

（16）绝缘软梯必须安全可靠，等电位电工在进入电位前应试冲击判断其可靠性。

（17）所有使用的器具必须安装可靠，工具受力后应冲击试验，检查判断其可靠性。

（18）等电位电工从绝缘软梯登上导线后，必须系好安全带才能解开防坠落后备保护绳，脱离电位前必须系好后备保护绳后，再解开安全带向工作负责人申请下软梯。

（19）等电位电工登软梯前，应与地面电工配合试冲击防坠落保护绳的牢固情况，地面电工防坠落保护绳控制方式应合理、可靠。

（20）利用机动绞磨起吊绝缘子时绞磨应放置平稳。磨绳在磨盘上应绕有 4～5 圈，绞磨尾绳必须有带电作业经验的电工控制，随时拉紧。

（21）地面绝缘工器具应放置在防潮毡布上，绝缘工器具使用前应用干净毛巾进行表面清洁处理，使用绝缘工具应戴清洁、干燥的手套，防止受潮和污染，收工或转移作业点，应将绝缘绳、软梯装在工具袋内。

（22）杆塔上电工不能保持人身对带电体 3.4m 的安全距离时，应在相邻塔的工作相加装保护间隙，保护间隙安装前的安全距离应大于 2.5 m，安装、调试的距离为 1.3

m。两电极必须可靠固定在绝缘杆上，横担侧的电极尾线不留裕度，加装保护间隙的人员应穿全套合格的屏蔽服。

（23）在杆塔上作业过程中如遇设备突然停电，作业人员应视设备仍然带电。

（24）塔上电工上杆塔前，应对登高工具和安全带等进行检查和冲击试验，全体作业人员必须戴安全帽。

（25）上下杆塔、塔上移动或转位时，作业人员必须双手攀抓牢固构件，且双手不得持带任何工器具，杆塔上作业不得失去安全带的保护。

（26）塔上电工不得失去安全的保护。

（27）地面电工严禁在作业点垂直下方逗留，塔上电工应防止高空落物，使用的工具、材料应用绳索传递，不得乱扔。

（28）作业期间，工作监护人应对作业人员进行不间断监护，不得从事其他工作。

二、带电更换耐张双联任意单片绝缘子

500kV沿耐张绝缘子串自由进入电场带电更换耐张双联任意单片绝缘子。

1. 作业方法：沿耐张绝缘子串自由进入电场作业法。

2. 适用范围：适用于500kV输电线路耐张双联任意单片绝缘子。

3. 人员组合：本作业项目工作人员共计4名，其中工作负责人1名（监护人）、等电位电工1名、地面电工2名。

4. 工具配备一览表见表2－27。

表2－27 工具配备一览表

序号	工具名称		规格、型号	数量	备注
1	绝缘工具	绝缘传递绳	φ10mm	1根	视作业杆塔高度定
2		绝缘滑车	0.5T	1只	
3		绝缘操作杆	500kV	1根	
4		绝缘绳套	φ20mm	2只	
5	金属工具	闭式卡		2只	分裂导线适用
6		双头丝杠		2只	
7		火花间隙装置		1套	瓷质绝缘子用
8		保护间隙		1副	
9	个人防护用具	安全带		3根	备用一根
10		安全帽		4顶	
11		高强度绝缘保护绳	φ32mm×9m	2根	防坠落保护用
12		屏蔽服		1套	
13		静电防护服		2套	备用1套
14		安全带		3条	
15		导电鞋		4双	

续表 2 - 27

序号	工具名称		规格、型号	数量	备注
16	辅助安全用具	兆欧表	5kV	1 块	电极宽 2cm，极间距 2cm
17		万用表		1 块	测量屏蔽服用
18		防潮毡布	3m×3m	1 块	
19		测湿风速仪	AVM07	1 台	
20		工具袋		2 只	装绝缘工具用

注：1. 若要挂保护间隙，还需增加工器具。

2. 瓷质绝缘子检测装置包括：分布电压或绝缘电阻检测仪、火花间隙装置，采用火花间隙测零时，每次检测前应用专用塞尺按 DL415 要求测量间隙尺寸。

5. 按照本次作业现场勘察后编写的现场作业指导

（1）工作负责人向电网调度员申请开工，内容为："本人为工作负责人×××，×年×月×日需在 500kV ××线路上更换绝缘子作业，本次作业需停用线路重合闸装置，若遇线路跳闸，不经联系，不得强送。"得到调度许可，核对线路双重名称和杆号。

（2）全体工作成员列队，工作负责人现场宣读工作票，交代工作任务、安全措施和技术措施；查（问）看工作人员精神状况、着装情况和工器具是否完好齐全。交代危险点和预防措施，明确作业分工、安全措施及注意事项。

（3）地面电工采用兆欧表检测绝缘工具的绝缘电阻，检查丝杆、卡具等工具是否完好齐全、屏蔽服（静电防护服）不得有破损、孔洞和毛刺状等缺陷。

（4）等电位人员穿着全套屏蔽服、导电鞋，屏蔽服内不得穿着化纤类衣服。地面电工负责检查袜裤、裤衣、袖和手套的连接是否完好，用万用表测试袜、裤、衣、手套等导通情况。

（5）等电位电工携带绝缘传递绳登塔至横担处，系、挂好安全带，将绝缘滑车和绝缘传递绳在作业横担适当位置安装好。

（6）若是盘形瓷质绝缘子串，地面电工将瓷瓶电压分布仪及绝缘操作杆组装好后用绝缘传递绳传递给塔上电工，塔上电工检测所要更换绝缘子串的分布电压（绝缘电阻）值，扣除人体短接和零值（自爆）绝缘子后，良好绝缘子片数不得少于 22 片（结构高度 170mm）。

（7）等电位电工系好高强度绝缘保护绳，带好传递绳，报经工作负责人同意后，沿绝缘子串进入作业点，进入电位时手抓扶一串，双脚踩另一串，采用跨二短三方法平行移动进到工作位置。

（8）地面电工用绝缘传递绳将闭式卡、双头丝杠传递至等电位电工作业位置。

（9）地面电工将闭式卡、双头丝杠安装在被更换绝缘子的两侧，并连好双头丝杠。

（10）等电位电工收紧双头丝杠，使之慢慢受力，冲击试验检查各受力点有无异常情况。

（11）报经工作负责人同意后，等电位电工取出被换绝缘子的上、下弹簧销，继续收紧双头丝杠，直至取出绝缘子。

（12）等电位电工用绝缘传递绳系好劣质绝缘子。

（13）地面电工以新旧绝缘子交替法，将新绝缘子传至等电位电工的作业位置，注意控制好空中上下两绝缘子的位置，防止发生相互碰撞。

（14）等电位电工换上新绝缘子，复位上、下弹簧销，收紧双头丝杠，检查新绝缘子安装无误后，报告工作负责人同意后拆除工具并传递至地面。

（15）等电位电工检查确认绝缘子串上无遗留物后，汇报工作负责人，得到同意后等电位电工携带绝缘传递绳沿绝缘子串退回到横担侧。

（16）等电位电工检查确认绝缘子串上无遗留物后，汇报工作负责人，得到同意后等电位电工携带绝缘传递绳下塔。

（17）地面电工整理所有工器具和清理现场，工作负责人（监护人）清点工器具。

（18）工作负责人向调度汇报。内容为：本人为工作负责人×××，500kV ××线路带电更换绝缘子工作已结束，人员已撤离，塔上、导线上无遗留物，导线、绝缘子和金具等已恢复原状，可恢复线路重合闸装置。

6．安全措施及注意事项

（1）若在海拔1000m以上地区作业时，应根据作业区的实际海拔高度，计算修正各类空气间隙、绝缘工具的安全距离和长度、绝缘子片数等，经本企业总工程师（主管生产领导）批准后执行。

（2）本次作业应经现场勘察并编制带电更换耐张双联任意单片绝缘子的现场作业指导书，经本单位技术负责人或主管生产负责人批准后执行。

（3）作业应在良好天气下进行。如遇雷电（听见雷声、看见闪电）、雪雹、雨雾时不得进行带电作业。风力大于5级（10m/s）时，不宜进行作业。

（4）若需在相对空气湿度大于80%的天气下进行带电作业时，应采用具有防潮性能的绝缘工具。

（5）本次作业需停用线路重合闸装置，但工作前应向调度明确若线路跳闸，不经联系不得强送电的要求。

（6）杆塔上电工与带电体的安全距离不小于3.4m。等电位电工与接地体之间安全作业距离不得小于3.4m。

（7）绝缘传递绳和绝缘软梯长度不小于3.4m，绝缘操作杆的有效长度不小于3.7m。

（8）等电位电工沿绝缘软梯进入强电场时，作业人员与接地体之间的组合间隙不得小于3.8m。等电位人员转移电位时人体裸露部分与带电体应保证0.4m。

（9）地面绝缘工具应放置在绝缘垫上，作业人员均应戴清洁干燥手套，摇测绝缘电阻值不得小于700MΩ（电极宽2cm，极间距2cm）。

（10）塔上电工必须穿戴全套静电防护服、导电鞋，以防感应电的伤害。

（11）等电位电工应穿戴全套合格的屏蔽服（包括帽、衣裤、手套、袜和导电鞋），且各部分连接良好。屏蔽服内不得穿着化纤类衣服。

（12）对盘形瓷质绝缘子，作业前应采用电压分布（或绝缘电阻）检测仪带电检测绝缘子串，扣除人体短接和零值（自爆）绝缘子片数后，良好绝缘子片数不少于22片（结构高度170mm）。

（13）使用的工具、绝缘子上下传递应用绝缘传递绳，卡具、绝缘子传递使不得与耐张串碰撞。

（14）新是盘形绝缘子应用干净毛巾进行表面清洁处理，瓷质绝缘子应摇测绝缘电阻值不小于500MΩ。

（15）地面绝缘工器具应放置在防潮毡布上，绝缘工器具使用前应用干净毛巾进行表面清洁处理，使用绝缘工具应戴清洁、干燥的手套，防止受潮和污染，收工或转移作业点，应将绝缘绳、软梯装在工具袋内。

（16）在杆塔上作业过程中如遇设备突然停电，作业人员应视设备仍然带电。

（17）塔上电工上杆塔前，应对登高工具和安全带等进行检查和冲击试验，全体作业人员必须戴安全帽。

（18）杆塔上电工不能保持人身对带电体3.4m的安全距离时，应在相邻塔的工作相加装保护间隙，保护间隙安装前的安全距离应大于2.5 m，安装、调试的距离为1.3 m。两电极必须可靠固定在绝缘杆上，横担侧的电极尾线不留裕度，加装保护间隙的人员应穿全套合格的屏蔽服。

（19）上下杆塔、塔上移动或转位时，作业人员必须双手攀抓牢固构件，且双手不得持带任何工器具，

（20）塔上电工不得失去安全的保护。

（21）地面电工严禁在作业点垂直下方逗留，塔上电工应防止高空落物，使用的工具、材料应用绳索传递，不得乱扔。

（22）作业期间，工作监护人应对作业人员进行不间断监护，不得从事其他工作。

图 2 - 3   500kV 输电线路带电更换耐张双联任意单片绝缘子

三、带电更换导线防振金具

(一) 500kV 导线更换防振金具

1. 作业方法：等电位直接作业法。

2. 适用范围：适用于 500kV 所有大跨越导线防振金具。

3. 人员组合：本作业项目工作人员共计 5 名，其中工作负责人 1 名（监护人）、等电位电工 1 名、塔上电工 1 人、地面电工 2 名。

4. 工具配备一览表

表 2 - 28　　　　　　　　　　工具配备一览表

序号		工具名称	规格、型号	数量	备注
1	绝缘工具	操作杆		1 套	
2		绝缘绳	SCJS - 4	1 根	
3		绝缘绳	SCJS - 10	1 根	人身二防用
4		绝缘软梯	500kV	1 套	长度视导线高而定
5		绝缘传递绳	SCJS - 14	1 套	长度视塔高而定
6	金属工具	力矩扳手		2 把	
7		金属软梯头		1 个	
8	个人防护用具	安全带（带二防）		1 套	
9		安全帽		5 顶	
10		高强度绝缘保护绳			
11		静电防护服		1 套	
12		屏蔽服		1 套	
13		导电鞋		1 双	
14	辅助安全用具	兆欧表（或绝缘工具测试仪）	5kV	1 块	电极宽 2cm，极间距 2cm
15		防潮毡布	3m × 3m	1 块	
16		万用表		1 块	
17		测温风速仪	AVM07	1 台	

5. 按照本次作业现场勘察后编写的现场作业指导

(1) 工作前工作负责人向调度申请。内容为："本人为工作负责人×××，×年×月×日需在 500kV ××线路上带电更换导线防振金具，本次作业需停用线路重合闸装置，若遇线路跳闸，不经联系，不得强送。"得到调度许可后，核对线路双重名称和杆号。

(2) 全体工作成员列队，工作负责人现场宣读工作票，交代工作任务、安全措施和技术措施；查（问）看工作人员精神状况、着装情况和工器具是否完好齐全。交代危险点和预防措施，明确作业分工、安全措施及注意事项。

(3) 地面电工采用兆欧表检测绝缘工具的绝缘电阻，检查工器具是否齐全完好，

屏蔽服不得有破损、静电防护服不得有破损、洞孔和毛刺壮等缺陷。

（4）等电位电工穿着全套屏蔽服、导电鞋，屏蔽服内不得穿着化纤类衣服。系好防坠后备保护绳，地面电工负责检查袜裤、裤衣、袖和手套的连接是否完好，用万用表测试袜对手套的连接导通情况。

（5）塔上电工穿着全套静电防护服、导电鞋，携带绝缘传递绳登塔至横担处，系挂好安全带，将绝缘滑车和绝缘传递绳在作业横担适当位置安装好。

（6）塔上电工在作业点距离绝缘子串水平距离大于1.5m处安装软梯。

（7）塔上电工配合等电位电工沿软梯进入导线，塔上电工将绝缘绳一端给等电位电工，等电位电工带好绝缘绳走线至作业点，将绝缘绳在上子导线上系好，2号电工收紧绝缘绳。

（8）地面电工用另一根绝缘绳系好绝缘滑车，并将绝缘滑车到挂在已收紧的绝缘绳上，利用收紧的绝缘绳做索道进行传递。

（9）地面电工将新导线防振金具传递给等电位电工，等电位电工拆除旧导线防振金具，安装新导线防振金具。

（10）等电位电工检查新导线防振金具安全情况，无误后按逆顺序拆除全部工具并传递下塔，等电位电工退出电位。

（11）塔上电工检查确认塔上无遗留工具后，向工作负责人汇报后带绝缘传递绳平稳下塔。

（12）地面电工整理所有工器具和清理现场，工作负责人（监护人）清点工器具。

（13）工作负责人向调度汇报。内容为：本人为工作负责人×××，500kV ××线路带电更换导线防振金具工作已结束，人员已撤离，塔上、导线上无遗留物，导线、金具等已恢复原状。

6. 安全措施及注意事项

（1）若在海拔1000m以上地区的线路带电作业时，应根据作业区不同海拔高度，修正各类空气间隙、绝缘工具的安全距离和长度、绝缘子片数等，经本企业总工程师（主管生产领导）批准后执行。

（2）本次作业应经现场勘察并编制带电更换防振金具的现场作业指导书，经本单位技术负责人或主管生产负责人批准后执行。

（3）作业应在良好天气下进行。如遇雷电（听见雷声、看见闪电）、雪雹、雨雾时不得进行带电作业。风力大于5级（10m/s）时，不宜进行作业。

（4）若需在相对空气湿度大于80%的天气下进行带电作业时，应采用具有防潮性能的绝缘工具。

（5）本次作业不需申请停用线路重合闸装置，但工作前应向调度明确若线路跳闸，不经联系不得强送电的要求。

（6）地面绝缘工具应放置在绝缘垫上，作业人员均应戴清洁干燥手套，摇测绝缘电阻值不得小于700MΩ（电极宽2cm，极间距2cm）。

（7）杆塔上电工与带电体的安全距离不小于3.4m。等电位电工与接地体之间安全作业距离不得小于3.4m。

（8）绝缘传递绳和绝缘软梯长度不小于3.4m，绝缘操作杆的有效长度不小于3.7m。

（9）等电位电工沿绝缘软梯进入强电场时，作业人员与接地体之间的组合间隙不得小于3.8m。等电位人员转移电位时人体裸露部分与带电体应保证0.4m。

（10）等电位电工应穿戴全套的屏蔽服（包括帽、衣裤、手套、袜和鞋），且各部分连接良好，用万用表测量袜、手套间连接导通情况，屏蔽服内不得穿着化纤类衣服。

（11）塔上电工必须穿着静电防护服、导电鞋，以防感应电的伤害。

（12）等电位电工从绝缘软梯登上导线后，必须系好安全带才能解开防坠落后备保护绳，脱离电位前必须系好后备保护绳后，再解开安全带向工作负责人申请下软梯。

（13）等电位电工登软梯前，应与地面电工配合试冲击防坠落保护绳的牢固情况，地面电工防坠落保护绳控制方式应合理、可靠。

（14）绝缘工器具使用前应用干净毛巾进行表面清洁处理，使用绝缘工具应戴清洁、干燥的手套，防止受潮和污染，收工或转移作业点，应将绝缘绳、软梯装在工具袋内。

（15）在作业过程中如遇设备突然停电，作业人员应视设备仍然带电。

（16）地面电工严禁在作业点垂直下方活动，塔上电工应防止高空落物，使用的工具、材料应用绳索传递，不得乱扔。

（17）塔上电工上杆塔前，应对安全带、登高工具等进行检查和冲击试验，全体作业人员必须戴安全帽。

（18）上下杆塔、塔上移动或转位时，作业人员必须双手攀抓牢固构件，且双手不得持带任何工器具，杆塔上作业不得失去安全带的保护。

（19）作业期间，工作监护人应对作业人员进行不间断监护，不得从事其他工作。

（二）500kV输电线路带电更换子导线间隔棒

1. 作业方法。等电位结合软梯法。

2. 适用范围。适用于更换500kV输电线路子导线间隔棒。

3. 人员组合。本作业项目工作人员共计5名。其中工作负责人1名、等电位电工1名、地面电工3名。

4. 工具配备一览表见表2-19。

表 2 - 29   工具配备一览表

序号	工具名称		规格、型号	数量	备注
1	绝缘工具	操作杆		1 套	
2		绝缘绳	SCJS - 4	1 根	
3		绝缘绳	SCJS - 10	1 根	人身二防用
4		绝缘软梯	110kV	1 套	长度视导线高而定
5		绝缘传递绳	SCJS - 14	1 套	长度视塔高而定
6	个人防护用品	安全带（带二防）		1 套	
7		安全帽		5 顶	
8		屏蔽服		1 套	
9		导电鞋		1 双	
10	辅助安全用具	兆欧表（或绝缘工具测试仪）	5kV	1 块	电极宽 2cm，极间距 2cm
11		防潮毡布	3m×3m	1 块	
12		万用表		1 块	
13		测温风速仪	AVM07	1 台	

5. 按照本次作业现场勘察后编写的现场作业指导

（1）工作前工作负责人向调度申请。内容为："本人为工作负责人×××，×年×月×日需在 500kV ××线路上带电更换导线间隔棒，本次作业需停用线路重合闸装置，若遇线路跳闸，不经联系，不得强送。"得到调度许可后，核对线路双重名称和杆号。

（2）全体工作成员列队，工作负责人现场宣读工作票，交代工作任务、安全措施和技术措施；查（问）看工作人员精神状况、着装情况和工器具是否完好齐全。交代危险点和预防措施，明确作业分工、安全措施及注意事项。

（3）地面电工采用兆欧表检测绝缘工具的绝缘电阻，检查承力工具是否完好灵活。屏蔽服不得有破损等缺陷。

（4）塔上电工穿着全套静电防护服、导电鞋，携带绝缘传递绳登塔至横担处，系挂好安全带，将绝缘滑车和绝缘传递绳在作业横担适当位置安装好。

（5）地面电工利用绝缘传递和绝缘防坠落绳，塔上电工在作业点距离绝缘子串水平距离大于 1.5m 处安装软梯。

（6）等电位电工穿着全套屏蔽服、导电鞋，屏蔽服内不得穿着化纤类衣服。系好后备保护绳，地面电工负责检查袜裤、裤衣、袖和手套的连接是否完好，用万用表测试袜对手套的连接导通情况。

（7）地面电工系好绝缘防坠落绳，塔上电工控制防坠落绳配合等电位电工沿绝缘软梯下行。

（8）等电位电工沿绝缘软梯下到头部或手与上子导线平行位置，报告工作负责人，得到工作负责人许可后，塔上电工利用绝缘防坠落保护绳摆动绝缘软梯配合等电位电工进入电场。

（9）等电位电工进入等电位后，并将安全带系在上子导线上，解开高强度绝缘保护绳，携带绝缘传递绳走至作业点。

（10）等电位电工拆除损坏的导线间隔棒并绑扎好。地面电工将新间隔棒传到导线上。

（11）等电位电工安装好间隔棒，检查螺栓扭矩值合格后，报经工作负责人同意后退回绝缘软梯处。

（12）等电位电工先系好防坠后备保护绳后，解开安全带，沿软梯下退至人站直并手抓导线，向工作负责人申请脱离强电场，许可后快速脱离强电场，平稳下软梯至地面。

（13）塔上电工控制好尾绳，等电位电工系好高强度绝缘保护绳，按进入时程序向退回杆塔身后下塔。

（14）塔上电工和地面电工配合拆除全部作业工具并传递下塔。

（15）塔上电工检查确认塔上无遗留工具后，报经工作负责人同意后携带传递绳下塔。

（16）地面电工整理所有工器具和清理现场，工作负责人（监护人）清点工器具。

（17）工作负责人向调度汇报。内容为：本人为工作负责人×××，500kV××线路带电更换导线间隔棒工作已结束，人员已撤离，导线上无遗留物，导线间隔棒已恢复原状。

6. 安全措施及注意事项

（1）若在海拔 1000m 以上地区的线路带电作业时，应根据作业区不同海拔高度，修正各类空气间隙、绝缘工具的安全距离和长度、绝缘子片数等，经本企业总工程师（主管生产领导）批准后执行。

（2）本次作业应经现场勘察并编制带电更换子导线间隔棒的现场作业指导书，经本单位技术负责人或主管生产负责人批准后执行。

（3）作业应在良好天气下进行。如遇雷电（听见雷声、看见闪电）、雪雹、雨雾时不得进行带电作业。风力大于 5 级（10m/s）时，不宜进行作业。

（4）若需在相对空气湿度大于 80% 的天气下进行带电作业时，应采用具有防潮性能的绝缘工具。

（5）本次作业不需申请停用线路重合闸装置，但工作前应向调度明确若线路跳闸，不经联系不得强送电的要求。

（6）杆塔上电工与带电体的安全距离不小于 3.4m。等电位电工与接地体之间安全作业距离不得小于 3.4m。

（7）绝缘传递绳和绝缘软梯长度不小于 3.4m，绝缘操作杆的有效长度不小于 3.7m。

（8）等电位电工沿绝缘软梯进入强电场时，作业人员与接地体之间的组合间隙不得小于 3.8m。等电位人员转移电位时人体裸露部分与带电体应保证 0.4m。

（9）地面绝缘工具应放置在绝缘垫上，作业人员均应戴清洁干燥手套，摇测绝缘

电阻值不得小于700MΩ（电极宽2cm，极间距2cm）。

（10）等电位电工应穿戴全套的屏蔽服（包括帽子、衣裤、手套、袜和鞋），且各部分连接良好，用万用表测量袜、手套间连接导通情况，屏蔽服内不得穿着化纤类衣服。

（11）塔上电工必须穿着静电防护服、导电鞋，以防感应电的伤害。

（12）等电位电工登软梯前，应与地面电工配合试冲击防坠落保护绳的牢固情况，地面电工防坠落保护绳控制方式应合理、可靠。

（13）等电位电工从绝缘软梯登上导线后，必须系好安全带才能解开防坠落后备保护绳，脱离电位前必须系好后备保护绳后，再解开安全带向工作负责人申请下软梯。

（14）在作业过程中如遇设备突然停电，作业人员应视设备仍然带电。

（15）绝缘工器具使用前应用干净毛巾进行表面清洁处理，使用绝缘工具应戴清洁、干燥的手套，防止受潮和污染，收工或转移作业点，应将绝缘绳、软梯装在工具袋内。

（16）塔上电工上杆塔前，应对安全带、登高工具等进行检查和冲击试验，全体作业人员必须戴安全帽。

（17）上下杆塔、塔上移动或转位时，作业人员必须双手攀抓牢固构件，且双手不得持带任何工器具，杆塔上作业不得失去安全带的保护。

（18）杆塔上作业不得失去安全带的保护。

（19）地面电工严禁在作业点垂直下方活动，塔上电工应防止高空落物，使用的工具、材料应用绳索传递，不得乱扔。

（20）作业期间，工作监护人应对作业人员进行不间断监护，不得从事其他工作。

四、导、地线

500kV输电线路带电修补导线。

1. 作业方法：等电位结合软梯法。

2. 适用范围：适用于修补500kV输电线路直线塔带电补修导线。

3. 人员组合：本作业项目工作人员共计5名。其中工作负责人1名（监护人）、等电位电工1名、塔上电工1名、地面电工2名。

4. 工具配备一览表见表2-30。

表2-30　　　　　　　　　　　工具配备一览表

序号	工具名称		规格、型号	数量	备注
1	绝缘工具	绝缘绳	SCJS-4	1根	
2		绝缘绳	SCJS-10	1根	人身二防用
3		绝缘软梯	500kV	1套	
4		绝缘滑车	0.5T、1T	各1只	
5		绝缘传递绳	SCJS-14	1套	长度视塔高而定

续表 2 –30

序号	工具名称		规格、型号	数量	备注
6	个人防护用品	安全带（带二防）		1 套	
7		高强度绝缘保护绳	φ14mm	1 根	长度视塔高而定
8		安全帽		5 顶	
9		屏蔽服		1 套	
10		静电防护服		1 套	
11		导电鞋		2 双	
12	辅助安全用具	兆欧表（或绝缘工具测试仪）	5kV	1 块	电极宽2cm，极间距2cm
13		防潮毡布	3m×3m	1 块	
14		万用表		1 块	
15		测温风速仪	AVM07	1 台	

5. 按照本次作业现场勘察后编写的现场作业指导

（1）工作前工作负责人向调度申请。内容为："本人为工作负责人×××，×年×月×日需在500kV××线路上带电修补导线，本次作业不需停用线路重合闸装置，若遇线路跳闸，不经联系，不得强送。"得到调度许可后，核对线路双重名称和杆号。

（2）全体工作成员列队，工作负责人现场宣读工作票，交代工作任务、安全措施和技术措施；查（问）看工作人员精神状况、着装情况和工器具是否完好齐全。交代危险点和预防措施，明确作业分工、安全措施及注意事项。

（3）工作人员在地面用兆欧表检测绝缘工具的绝缘电阻，检查承力工具是否完好灵活，屏蔽服不得有破损、孔洞和毛刺状等缺陷。

（4）地面电工利用绝缘传递和绝缘防坠落绳，塔上电工在作业点距离绝缘子串水平距离大于 1.5m 处安装软梯。

（5）地面电工系好绝缘防坠落绳，塔上电工控制防坠落绳配合等电位电工沿绝缘软梯下行。

（6）等电位电工穿着全套屏蔽服、导电鞋，系好后备保护绳，地面电工负责检查袜裤、裤衣、袖和手套的连接是否完好，用兆欧表测试袜对手套的电阻值。

（7）等电位电工沿绝缘软梯下到头部或手与上子导线平行位置，报告工作负责人，得到工作负责人许可后，塔上电工利用绝缘防坠落保护绳摆动绝缘软梯配合等电位电工进入电场。

（8）等电位电工进入等电位后，将安全带系在上子导线上，解开高强度绝缘保护绳，携带绝缘传递绳走至作业点。

（9）若导线在同一处损伤的程度使导线强度损失部分超过总拉断力的 5% 且截面积损伤部分不超过总导电部分截面积的 7%，用缠绕或补修预绞丝修补。若导线损伤面积为总面积的 25% ~60% 时应采用 C 型补修材料（预绞式接续条、加长型补修管）补修；若导线在同一处损伤的程度使导线强度损失部分超过总拉断力的 5% 但不足 17%，且截面积损伤部分不超过总导电部分截面积的 25%，用补修管修补。

（10）缠绕修补时应将受伤处线股处理平整；缠绕材料应为铝单丝，缠绕应紧密，回头应绞紧，处理平整，其中心应位于损伤最严重处，并应将受伤部分全部覆盖，其长度不得小于 100mm。

（11）采用预绞丝修补应将受伤处线股处理平整；补修预绞丝长度不得小于 3 个节距，其中心应位于损伤最严重处并将其全部覆盖。

（12）采用补修管修补应将损伤处的线股先恢复原绞制状态，线股处理平整，补修管的中心应位于损伤最严重处，补修的范围应位于管内各 20mm。

（13）地面电工配合等电位电工将清洗好的补修管、装配好压模和机动液压泵的压钳吊至损伤导线处，等电位电工将导线连同补修管放入压接钳内，逐一对模压接。

（14）压接完成后，等电位电工用游标卡尺检验确认六边形的三个对边距符合下列标准：在同一模的六边形中，只允许其中有一个对边距达到公式 $S = 0.866 \times 0.993D + 0.2$（mm）的最大计算值。测量超过应查明原因，另行处理。最后铲除补修管的飞边毛刺，完成修补工作。

（15）修补完毕后，地面电工控制好后备保护绳，等电位电工先系好防坠后备保护绳后，解开安全腰带，沿软梯下退至人站直并手抓导线，向工作负责人申请脱离强电场，许可后迅速脱离强电场。

（16）塔上电工控制好尾绳，等电位电工系好高强度绝缘保护绳，按进入时程序向退回杆塔身后下塔。

（17）塔上电工和地面电工配合拆除全部作业工具并传递下塔。

（18）塔上电工检查确认塔上无遗留工具后，报经工作负责人同意后携带传递绳下塔。

（19）地面电工整理所有工器具和清理现场，工作负责人（监护人）清点工器具。

（20）工作负责人向调度汇报。内容为：本人为工作负责人×××，500kV ××线路带电修补导线工作已结束，人员已撤离，导线上无遗留物，导线间隔棒已恢复原状。

6. 安全措施及注意事项

（1）若在海拔 1000m 以上地区的线路带电作业时，应根据作业区不同海拔高度，修正各类空气间隙、绝缘工具的安全距离和长度、绝缘子片数等，经本企业总工程师（主管生产领导）批准后执行。

（2）本次作业应经现场勘察并编制带电修补导线的现场作业指导书，经本单位技术负责人或主管生产负责人批准后执行。

（3）作业应在良好天气下进行。如遇雷电（听见雷声、看见闪电）、雪雹、雨雾时不得进行带电作业。风力大于 5 级（10m/s）时，不宜进行作业。

（4）若需在相对空气湿度大于 80% 的天气下进行带电作业时，应采用具有防潮性能的绝缘工具。

（5）本次作业需申请停用线路重合闸装置，但工作前应向调度明确若线路跳闸，不经联系不得强送电的要求。

（6）杆塔上电工与带电体的安全距离不小于 3.4m。等电位电工与接地体之间安全作业距离不得小于 3.4m。

（7）绝缘传递绳和绝缘软梯长度不小于 3.4m，绝缘操作杆的有效长度不小于 3.7m。

（8）等电位电工沿绝缘软梯进入强电场时，作业人员与接地体之间的组合间隙不得小于 3.8m。等电位人员转移电位时人体裸露部分与带电体应保证 0.4m。

（9）地面绝缘工具应放置在绝缘垫上，作业人员均应戴清洁干燥手套，摇测绝缘电阻值不得小于 700MΩ（电极宽 2cm，极间距 2cm）。

（10）等电位电工应穿戴全套的屏蔽服（包括帽、衣裤、手套、袜和鞋），且各部分连接良好，用万用表测量袜、手套间连接导通情况，屏蔽服内不得穿着化纤类衣服。

（11）塔上电工必须穿着静电防护服、导电鞋，以防感应电的伤害。

（12）等电位电工登软梯前，应与地面电工配合试冲击防坠落保护绳的牢固情况，地面电工防坠落保护绳控制方式应合理、可靠。

（13）等电位电工从绝缘软梯登上导线后，必须系好安全带才能解开防坠落后备保护绳，脱离电位前必须系好后备保护绳后，再解开安全带向工作负责人申请下软梯。

（14）在作业过程中如遇设备突然停电，作业人员应视设备仍然带电。

（15）绝缘工器具使用前应用干净毛巾进行表面清洁处理，使用绝缘工具应戴清洁、干燥的手套，防止受潮和污染，收工或转移作业点，应将绝缘绳、软梯装在工具袋内。

（16）塔上电工上杆塔前，应对安全带、登高工具等进行检查和冲击试验，全体作业人员必须戴安全帽。

（17）上下杆塔、塔上移动或转位时，作业人员必须双手攀抓牢固构件，且双手不得持带任何工器具。

（18）杆塔上作业不得失去安全带的保护。

（19）地面电工严禁在作业点垂直下方活动，塔上电工应防止高空落物，使用的工具、材料应用绳索传递，不得乱扔。

（20）作业期间，工作监护人应对作业人员进行不间断监护，不得从事其他工作。